人生正須手

做人做事做官八十訣

徐文秀 著

浙江人民出版社

图书在版编目（CIP）数据

人生正负手 ：做人做事做官八十诀 / 徐文秀著. —杭州 ：浙江人民出版社，2019.5

ISBN 978-7-213-09284-8

Ⅰ. ①人… Ⅱ. ①徐… Ⅲ. ①人生哲学-通俗读物 Ⅳ. ①B821-49

中国版本图书馆CIP数据核字(2019)第077444号

人生正负手——做人做事做官八十诀

徐文秀 著

出版发行：浙江人民出版社（杭州市体育场路347号 邮编 310006）

市场部电话：(0571)85061682 85176516

责任编辑：朱丽芳 陈 源

责任校对：陈 春

电脑制版：杭州兴邦电子印务有限公司

印 刷：杭州富春印务有限公司

开 本：880毫米×1230毫米 1/32 印 张：8.875

字 数：112千字 插 页：5

版 次：2019年5月第1版 印 次：2019年5月第1次印刷

书 号：ISBN 978-7-213-09284-8

定 价：75.00元

做好人生的“加减乘除”

郝　平*

人生是什么？这是千百年来，一代又一代人孜孜以求、苦苦找寻答案的大命题。

有的说，人生如棋，善弈者谋势，不善弈者谋子，得讲究落子和布局，一着不慎，满盘皆输，既要赢得起，又要输得起；也有的说，人生如茶，有沉有浮、亦苦亦甘，沉时坦然，浮时淡然，当慢慢品味、静心以对，只会苦一阵子，不会苦一辈子；还有的说，人生如歌，既有引子和过门，又有低潮和高潮，既可浅吟低唱，又得引吭高歌；又有的说，人生如戏，或喜或悲、或苦或愁，生旦净末丑，主角配角、精

* 本文作者现为北京大学校长。

彩糟糕全在于己。如此等等，让人生丰富多彩、奥妙无限。

习近平总书记到北大考察时，曾用了一个很精妙的比喻，说青年时期价值观的养成十分重要，“这就像穿衣服扣扣子一样，如果第一粒扣子扣错了，剩余的扣子都会扣错。人生的扣子从一开始就要扣好”。对于我们从事教育战线工作的人来说，不仅要帮助、引导青年人扣好人生的第一粒扣子，还要经常照镜子、正衣冠，扣好自己人生的每一粒扣子。

如果说再打一个比方的话，人生说到底就是一道题，一道你愿不愿、会不会做“加减乘除”的算术题。文秀的这本书，就是告诉你在哪些“名利事”上做加法、乘法，在哪些“名利事”上做减法、除法。这本书值得我们静下心来，细细品读、好好消化。

人如其名、文如其人。读懂文秀的书，得品味文秀这个人。与文秀相识始于多年前一次“以文会友”。记得是那年北京的第一场大雪，纷纷扬扬、飘飘洒洒，那天他加班来得晚些，落座后一再道歉，给我的印象斯斯文文、清清秀秀，彬彬有礼、温文尔雅，很文静、很安静。那天，他话不多，很注意倾听，脸上总洋溢着浅浅的微笑，很是清新阳光、真诚明媚、灵动善融。他说话时很有力量，既出口成章，又善于提炼、归纳和概括，要言不烦，听者很容易被感染。

后来慢慢知道，他的经历颇为丰富。大学毕业后，他到了基层，先在一个县级党校做了3年多的理论教员，在那里他读了不少书，并且开始写东西，22岁那年就在全国性杂志发表论文；之后，他被组织上发现，调入市委机关，打从那时开始，他便由市到地，从地又到省，然后到北京，四个层级都干过。其间，他当过地委书记秘书，做过县委副书记，出过6本专著，写过上百篇文章，26岁时出过一本近40万字的大部头专著。这一路走来，用他自己总结的话来说，没有背景但有辛苦背影，没有奇迹但有成长轨迹，没有事故但有不少故事，没有权力但有正向影响力。这就是我认知的文秀，套用他的话语风格，自信而不自负，严谨而不拘谨，谦和而不谦卑。

或许是经历的磨炼，让文秀多了些许沉稳和深邃、从容和淡定，他敏于观察、勤于思考、善于总结、精于表达。我读过他的不少文章，既有发表在《人民日报》《求是》上的大文章，也有网上广为流传的隽永小品，都值得咀嚼、回味和品读。近些年来，他撰写的关于学习和研究习近平总书记风格的系列文章，尤其是《习近平的语言风格及特点》《习近平的领导风格及特点》等，影响很广、反响很好，对于我们深入学习习近平总书记系列重要讲话精神和治国理政新理念新思想新战略颇有助益。一段时间以来，他又在不断地思索人生、感悟人生，他写的“做人做事做官”8篇文章，在微信朋友圈中竞相转发、广为流传，让很多人掩卷深思。他是一个把人生糅进文字里，又把文字刻入人生的人。

我回到北大工作之后，发现学校里也有不少文秀的读者，感到非常欣喜。我想，好的思想、好的文字，确实会不胫而走，无论到了哪里，都会找到知音。

人生是一场修行，也是一次旅行。修行在个人，得从中去悟、去解；旅行在心态，近路、远路和弯路都可以看到不一样的风景。人生是一本书，也是一面镜，文秀写的这八十诀，既是一本书，更是一面镜，从这里可以读懂人生的“加减乘除”，也可以帮助读者扣好人生的每一粒扣子。

是为序。

2017年1月于未名湖畔

自 序

2017年初,《人生正负手》一书付梓。打从它面世以来,读者给予了不少关注与呵护、激励与鞭策,让我备感欣慰、备受鼓舞,在此一并深表谢忱!

书出版之后,我又续写了做人做事做官"新十忌"和"新十悟",形成了"四十忌"与"四十悟",构成共八十诀的框架。书的上一版只有六十诀,此次修订再版新加了二十诀,旨在有一个完整的呈现。修订时,还对原书个别文字做了校核与改正。

做人做事做官是"老生常谈"的话题,经常地悟、不断地想,则能"老话新说",而且"常说常新"。特别是这些年,不少人"眼看他起高楼,眼看他宴宾客,眼看他楼塌了",瞬间人生急转直下、满盘皆输,让人大跌眼镜的有之,扼腕叹息的有之，感慨唏嘘的有之，反思醒悟的亦有之。世上之事有可为、可不为和不可为之分，“不为不可成，不求不可得，不处不可久，不行不可复”，倘若分得清、辨得明、悟得透，则能行稳致远，反之迟早会误入歧途，走到岔道和邪路上去，出现人生垮塌也就是“大概率”的事了。

人生就像一道多项选择题，困扰你的往往是众多的选项，而不是题目本身。面对做人做事做官众多选项，说到底，做人不成功，做事成功是暂时的；做人成功，做事不成功也是暂时的；而做人成功、做事又成功，做官才能行稳致远。“子欲为事，先为人圣”“欲当大任，须是笃实”，只有用心做人、真心做事、良心做官，以平常心做人，以进取心做事，以平淡心做官，真正让好人做好事、好事出好人，让做事的人做官、做官的人做事，那么，在做人做事做官的人生考卷上才能得高分。

作者

2019年3月于北京

目 录

做人做事做官四十忌

做人做事做官有很多不可想不能想、不可为不能为、不可有不能有的“名利事”,倘若想之为之有之则事与愿违,而不想不为不有则愿遂事成。

做人做事做官四十宜

人生像驾车行驶，关键在于握好、把牢和抓紧“方向盘”。这“四十宜”好比“方向盘”，握住把好了、握紧把牢了，则蹄疾步稳、行稳致远。

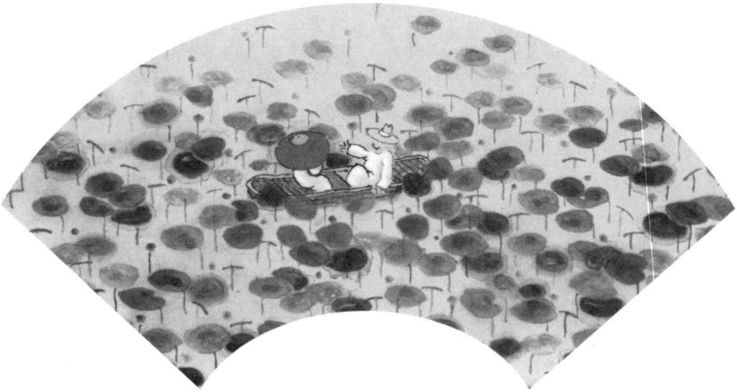

做人做事做官

做人做事做官有很多不可想不能想、不可为不能为、不可有不能有的“名利事”,倘若想之为之有之则事与愿违,而不想不为不有则愿遂事成。

做人做事做官有很多不可想不能想、不可为不能为、不可有不能有的“名利事”，倘若想之为之有之则事与愿违，而不想不为不有则愿遂事成。张岱《四书遇》云：“不知不可为而为之，愚人也；知其不可为而不为，贤人也；知其不可为而为之，圣人也。”想清楚、弄明白那些不可为的“名利事”，把人生路上那些一个个不可为的“名利事”找出来，把一块块绊脚石踢了、搬掉，前行的路才会走得更顺畅、更通畅、更舒畅。芸芸众生，每个人身上都有正负能量，就看正负能量大小多少和此消彼长。每个人身上都难免有这样那样的陋习、劣根性和顽瘴痼疾，都难免有各种各样的缺点、缺憾和缺陷，“志之难也不在胜人，而在自胜”，倘若能克服它、战胜它和弥补它，便会走得稳、行得远、飞得高。以下这“四十忌”，正是从一个个教训和一次次失败中汲取总结出来的。它们好比人生路上的一个个陷阱和一个个坑，掉下去就难以自拔或爬不上来。它们又像一块块警示牌，提醒着每个人走在人生路上该怎么左转右拐，以规避风险、应对挑战和经受考验。

霸气、傲气、神气是折戟沉沙的“滑铁卢”

人应该大气但不可以霸气。霸气貌似大气，实则大相径庭。不少人以为霸气是王者风范，其实不然，霸气总的来说不是个好东西。霸气者行事张扬霸道、专横跋扈，霸气之人往往自以为是、刚愎自用，爱逞一时之强。“力拔山兮气盖世”的西楚霸王项羽，虽气吞山河，却霸气十足，终因霸气而“别姬”，兵败垓下，乌江自刎，让后人无不为之惋惜。人一旦霸气上身，便似“土皇帝”，搞“顺我者昌，逆我者亡”，霸气必定变得霸道。霸道者必“横行”，我行我素，唯我独尊，霸道倘若一再任性，势必说一不二，主宰或左右一切。凡霸道者皆伴有“狂妄症”“嚣张病”，动辄训斥人，似乎谁都得听他的，染上戾气、匪气、痞气，有时还有杀气。霸气绝不是豪气，绝不可把霸气等同于“敢说话”“敢亮剑”“敢决断”，霸气说白了是一种江湖气。“待到秋来九月八，我花开后百花杀”，语意中透露出来的是一种霸气，使人有一种泰山压顶、黑云压城般的压抑。霸气的人，会让人畏之惧之、远之厌之，最终落个众叛亲离、孤家寡人的结局。人沾霸气，难免“断气”。

人应该有傲骨但不可以有傲气。徐悲鸿说：“人不可有傲气，不可无傲骨。”傲气是一种盲目的自高自大，常常表现为盛气凌人、目空一切，往往自命不凡、目中无人，傲慢而狂放，“我命由我不由天，天欲灭我我灭天”。傲慢是傲气者的表情，轻视是傲气者的做派。当一个人沾染上了傲气就会飘飘然，就会很膨胀。傲气是人性中的小丑。傲气十足的人不懂得“山外有山、天外有天”，是缺少修养、涵养、教养的表现，不由得让人远离、心生厌恶。傲气的人，一般眼里只剩下自己而没有他人，因为看不起人而最终被人看不起，因为眼里没有人而最终被人遗忘，莎士比亚说："一个骄傲的人，结果总是在骄傲里毁灭了自己。"谦和是傲气的镜子，低调是傲气的教员。没傲气的人，人格会有温度。

人可以得志但不可以得意，得意容易忘形，得意忘形便是一种神气。神气乃自以为是、得意傲慢的神情，神气的人总是神灵活现，往往趾高气扬、不可一世，听不进批评和忠告，辨不清真假与是非。神气说到底就是一种骄傲，是一种忘乎所以、飘飘然的感觉。神气的人爱显摆、好嘚瑟，喜欢有意无意或者自觉不自觉地摆个阔、吹个牛。神气的人总是情不自禁、扬扬得意。人的思想可以高人一等，但言行不可以高人一等。

霸气、傲气、神气的人就是高人一等、盛气凌人。"三气"往往是一个人失败的先兆。

第二诀

自私、自负、自满是万里鹏程的“绊脚石”

人属于“自私动物”，自私是近似本能的一种欲望，是人的天性，应该说，这本身并不是一件十分可耻或者可怕的事。重要而可怕的是，一个人整天打的是自己的“小九九”“小算盘”，一切以自我为中心来考量取舍，只顾自家“一亩三分地”，只扫自家“门前雪”，有时甚至是斤斤计较、锱铢算计、吝啬贪婪，奉行“人不为己天诛地灭”。自私是一种坏习惯、坏毛病，自私的人让人厌恶，自私者没有真正的朋友。为人等于为己，帮人实则帮己。自私者会在一时一事上占到便宜，然而失去的却是长远；得到的是“蝇头小利”，失去的却是“大局大利”。生活的辩证法就是这样，不想占便宜的人，生活绝不会让他吃亏；而一味贪小便宜、占小便宜的人，迟早要吃大亏。苏洵说：“为一身谋则愚。”自私者是真正的愚蠢。

自私让人讨厌，自负让人生厌。自负就是过高地估计自己，过于自信便是一种自负。自负的人总是高看自己，显得盲目无知。俗话说，“自知者明”“人贵有自知之明”，自负者最缺失的就是自知。固执和任性往往是自负者那生硬、桀骜的面孔，习惯性地排斥他人、刚愎自用。自负的人是“睁眼瞎”“闭耳聋”，选择性地看、选择性地听、选择性地认知、选择性地判断。自负源于盲目，又带来更大的盲目；自负源于故步自封，又造成更大的故步自封。自负往往与机会擦肩而过，与成功失之交臂，自负乃成功的止步。也正如美国作家、诗人爱默生所说：“自信是英雄的本质，自负是愚人的特征。”

自满和自负是孪生兄弟，本质上都是一种对自己的盲目认知、错误认知，是轻别人而重自己的思维和心理，是自以为是的“两张面孔”和“两副表情”。“一瓶子不满半瓶子咣当”，自负和自满的人都这个德行。“九牛一毫莫自夸，骄傲自满必翻车。”自负自满是求知的“拦路虎”，是做人的“违禁品”，是一个人裹足不前、止步于成功的开始。

人人皆有短处，人人也都有长处。短处不可遮掩，遮掩了便永远是短处；长处不可夸大，夸大了便不再是长处。自负、自满的人永远遮掩自己的短处，而永远夸大自己的长处。于是，他们永远生活在自己的“小圈子”里原地踏步、止步不前。不自私者多得，不自负者博闻，不自满者丰盈，而自私、自负、自满是万里鹏程的“绊脚石”。

不自私者多得，不自负者博闻，不自满者丰盈。

第三诀

虚荣、虚伪、虚假是进步前行的“障碍物”

爱面子，人皆有之。然而，过之则变成爱慕虚荣。虚荣是指贪图表面上的光鲜光彩，一味给自己脸上“贴金”，它是一种幻觉，追求的是表面上的荣耀，是自尊心的放大和扭曲。虚荣是一种性格缺陷。

虚荣的人爱“吹牛”，会“装样子”，买房子不是为了住，而是为了给人看；买车不是为了出行方便，而是为了炫耀自己的地位、身份和财富，于是“打肿脸充胖子”，等等。莎士比亚说：“爱好虚荣的人，用一件富丽的外衣遮掩着一件丑陋的内衣。”爱慕虚荣是言行走形变样、扭曲变形的祸根，爱慕虚荣的人往往企图通过快捷的方式获取自己想要的东西，有时甚至不择手段。现实中，有的人可以没有下限、不顾廉耻，靠博“眼球”抢镜、吸睛，靠旁门左道、歪门邪道“剑走偏锋”，其背后正是虚荣心作怪的结果。古希腊寓言家伊索说：“虚荣是灾祸的根源。”虚荣是一种面具，很多恶行都因虚荣而生，又为满足虚荣而为。爱慕虚荣小则道德沦丧，大则走向犯罪的深渊，虚荣的浊流一旦挣脱掉理智的约束，便会一泻千里，变得无耻和贪婪。摘下人前虚荣的面具，人会过得轻松、活得真实。

虚荣孵化出人的虚伪。虚荣的人必定会有一些虚伪的表现和虚假的言行，虚假浮于表面，而虚伪则刻入内心。《庄子·盗跖》中云：“子之道狂狂汲汲，诈巧虚伪事也，非可以全真也，奚足论哉？”虚伪的人，表面一套背后一套，他们总是装着好人的样子，却干着坏人的勾当。虚伪说白了就是一种伪装，它特别善于表演。人可以表现但不可以表演，演技再好终归都会露馅，更别说演技差的人，则会出丑。虚伪的人，其实掩饰的是一颗卑琐的心灵，因为如果他足够优秀，就不必肆意地卖弄或作秀，除非他完全是徒有虚名。

如果说，伪装还有一层"装"的"遮羞布"的话，那么虚假则是一种赤裸裸的暴露了。虚假的人让人一看就明白。《墨子·修身》中说："贫则见廉，富则见义，生则见爱，死则见哀，四行者不可虚假，反之身者也。"贫富生死最能看出一个人的真与假。假的真不了，真的假不了，"皇帝的新装"绝不会因为众多官员的"愚昧"而掩盖一位儿童说"他什么也没穿啊"的真实。虚荣、虚伪、虚假都是活在不真实的世界里，共同特点是说假话、办假事、戴假面具。戴假发总会被风揭穿，说假话总会被人揭穿。"时穷节乃见""板荡识诚臣"，假的就是假的，它最经不起时间的检验，最经不住危难的考验。

虚荣、虚伪、虚假的人或许可以一时走得快，但绝对走不远，它是一个人进步前行的"障碍物"。被人揭下面具是一种失败，而自己不敢揭下面具则是一种彻底的失败。

浮躁、急躁、暴躁是功败垂成的“加速器”

当下社会，最容易犯的毛病是躁，缺乏平和之心、平静之状、平淡之态，“慢一点、静一点”成了一种稀缺。当看到人家成功或者提拔重用时，“羡慕嫉妒恨”之外，焦躁不安、心神不定；当自己遭遇到一些不顺、不公或不利时，沉不住气、静不下心，耐不住寂寞、挡不住诱惑、坐不住冷板凳，“猴子屁股坐不住”。急功近利、急于求成者有之；贪图虚名、贪大求全者有之；见异思迁、心猿意马者有之；浅尝辄止、蜻蜓点水者有之，等等。很多时候，不缺心中添把火，但缺心中洒点水；不缺干劲，但缺韧劲；不缺激情，但缺沉稳。时下，慢不下、坐不住、静不了，成了不少人的通病，大家似乎都在“赶路”，都显得那么“急匆匆”，这种现象的背后折射出的是浮躁、急躁、暴躁。

就浮躁而言，有的人总是这山望着那山高，习惯于“抄近道”“走捷径”；就急躁而言，有的人抱着“等不得”的心理，不思考、不准备便行动；就暴躁而言，有的人一不顺心就发怒，一言不合就争吵谩骂，甚至大打出手，干出一些出格的事，捅出一些麻烦的娄子，等等。现实中，人们似乎都不愿意排队、等不了红灯、离不开手机，更受不了委屈、沉不下身子、坐不住冷板凳。其实，喧嚣和浮躁的从来都不是城市，而是我们的生活和我们的心。

浅水喧哗，深水静流，欲成大事得学会沉稳，遇临大事得有静气，不要匆匆忙忙，而要从从容容。急躁、暴躁缺失的是理性、理智和沉静、沉稳，带来的是一时冲动，造成一世追悔。很多事情就因为没有“控制住自己”“把握好自己”而酿成不可收拾的结果，或前功尽弃，倒在了成功前的“一米线”上。

浅水喧哗，深水静流，欲成大事得学会沉稳，遇临大事得有静气。

第五诀

斗气、赌气、撒气是英雄气短的“催化剂”

人要学会争气而不斗气、消气而不赌气、鼓气而不泄气。你争我斗，伤的不仅是面子，还有里子，相互拆台往往两败俱伤、共同垮台。人可以红脸但不可以翻脸，斗气迟早会翻脸。有的人遇事动辄赌气、撒气、怄气，或拿人出气，或拿事说人，喜欢说气话、爱抱怨、发脾气；有的人极尽讽刺挖苦之能事，指桑骂槐、贬损他人，伤人面子又伤人里子；有的人爱“顶”在那里“掰手腕”，互不相让，非得争高低、论输赢、决强弱；有的人只图自己一时痛快，“撂挑子”“卸担子”，等等。

斗气、赌气、撒气，说白了都是在发泄内心郁积的一种不满、不平的情绪。俗话说：“佛争一炷香，人争一口气。”从一定意义上讲，人活着就是为了争一口气，这很自然也很正常。但是，如果说，不敢发脾气是一种懦弱的话，那么把脾气压下去则是一种修养。“千里家书只为墙，让他三尺又何妨！万里长城今犹在，不见当年秦始皇。”赌气、撒气、怄气，或许能解一时心头之气，可实际上非但解决不了问题，反而伤身又伤心，伤人又伤己。《三国演义》中诸葛亮“三气”周瑜，周瑜大叹“既生瑜何生亮”，结果斗气而亡。眼下，一些人“路怒”开斗气车，也常常因一时之怒而酿成大祸，教训惨重。有时发脾气的那一刻，也许就成了命运转折的那一瞬。世间只有回不去的，没有过不去的，忍一忍就过去了，让一让就没事了。内心的气发出来可能会一时痛快，但带来的也许是对自己或许还包括对他人深深的伤害。人与人、人与事可以较真，但千万别较劲。

斗气是在较劲、“掰手腕”，斗气好比蜜蜂蜇人，“把整个生命拼在对人的一刺之中”，得不偿失。赌气有时“堵”的恰恰是自己的路，撒气倒霉的恰恰是自己。斗气、赌气、撒气说到底都是在生气，生气消耗力气甚至元气，没有价值的生气就是生命的一种浪费。

放肆、放纵、放任是身败名裂的“致命伤”

言语放肆、行为放纵、性子放任是不检点、无约束的表现。不顾场合、不管对象、不分皂白，想说什么就说什么、想怎么说就怎么说、想去哪儿就去哪儿、想干什么就干什么，随心所欲、为所欲为，这迟早要出事。

放肆者大都胆大妄为、轻率任意、毫无顾忌。人必须有所顾忌，没了顾忌也就乱了套、坏了规矩。长期以来，生活中有很多这样那样的顾忌，有的是约定俗成，有的则建章立制，遵守而不逾越它则会被看成有教养、懂规矩，逾越而不遵守它则会被认为放肆。《新唐书·李绛传》说：

“治生于忧危，乱生于放肆。”放肆的人喜欢指手画脚，放肆总是与无礼牵手。现实中，雷人雷语频现，因言惹祸者不少，甚至因此掉入陷阱、落入“圈套”、惨遭“秒杀”，导致身败名裂。人可以指点但不可以指指点点，指指点点就是一种无礼和放肆。

当一个人言语放肆得不到控制时，离行为放纵也就不远了。放纵是一种堕落，是不计后果的自我放弃。“傲不可长，能不可纵，志不可满，乐不可极”，人的很多错误、悲剧都是从放纵开始的，行为一旦放纵就如同脱缰的野马，一发而不可收。人在两种情形下最容易放纵，一种是得意时，所谓得意忘形，放纵自己；一种是绝望时、落难中，因为忍受不了、坚持不住，而放弃自己，所谓“破罐子破摔”。人要有敬畏，懂得珍惜，不可放纵，放纵是危险的人生游戏，必定会付出代价。

放肆也好，放纵也罢，皆因思想放任。人的思想是道闸门，不可开闸放任自流。人活着不是件轻松随便的事，总得有根弦时常绷着，别以为我只想过得轻松，不想太累，于是绷着的弦让它彻底松弛下来，思想的弦一旦松了人也就垮了。人生最大的懒惰在于放任。任性，就是性子放任，完全由着自己的性子来，任性的人迟早要为身败名裂“埋单”。

人的身段可以放下但不可以放肆，身体可以放松但不可以放纵，思想可以放飞但不可以放任。

第七诀

无数、无事、无牌是庸碌无为的“安眠药”

心中无数、脑中无事、手里无牌，这样的人即便是有想干事的美好愿望，也终归干不好事、干不成事。

心中无数就是对情况了解不清楚，心里没有底，往往一问三不知。有的人总是显得很漂浮、不踏实，习惯于唱“虚功”、冒“虚火”、出“虚汗”、使“虚招”，对很多事情和问题满足于“也许”“大概”“好像”“仿佛”“差不多”等，不管“到底”“究竟”和“实质”，只求“过得去”、不求“过得硬”，只管“差不多”、不管“差多少”，只图“了”、不图“好”。特别可怕的是，他们对实际情况不作深入的调查研究、不作科学的分析研判，却心无主意点子多、情况不明决心大，习惯于凭经验办事、想当然做事，拍脑袋拍胸脯，结果胡乱决策、瞎折腾，工作盲目蛮干。

脑中无事的人，脑袋不装正事、公事，而是装着歪事、私事，不把心思和精力放在工作上、事业上，而是“做一天和尚撞一天钟”，眼里不见活儿，整天不想事、不记事，坐诊不号脉、出工不出力、挂帅不出征，他们往往像个“稻草人”“空心菜”，空空洞洞地成了一个“思想懒汉”。身体贪睡耽误一时，思想贪睡耽误一世。头脑像把降落伞，只有在打开时才会起作用，脑中无事的人，脑袋是关闭的。

手里无牌的人，表现在实际工作中似乎有想法却没办法，似乎有思路却找不到出路，特别是面对矛盾、问题和困难时没招没术、捉襟见肘，不知如何下手、怎样出手，干着急。手里无牌的人，说到底就是能力不够、本事不大，他们往往有的不善于学习和实践，不注重积累和提高，满足于“吃老本”，不注意长本事，手里只剩下一点点土办法、老办法和笨办法，只好经常拆东墙补西墙，或者头痛医头、脚痛医脚。无牌可出的结果是心有余而力不足，陷入“能力不强被急死，办法不多被愁死、水平不高被骂死”的尴尬和窘境。

“三无”牌产品的人，既是事业心、责任感的缺失，又是精神不佳、作风不实的表现，更是能力不足、本领不强的反映，在现实工作、学习和生活中难免会闹出很多笑话，而且最终会因为“没用”或“没价值”而被“边缘化”、被淘汰、靠边站。

媚俗、世俗、庸俗是自甘堕落的“迷魂汤”

有一种丑陋叫媚俗，讨好取悦是它的表情，阿谀迎合是它的语言，迁就巴结是它的笑脸。媚俗，说白了就是拍马屁，是尊严的一种迷失和沉沦，媚俗者缺乏自我思想、自我理智，只知随波逐流。人可以随俗但不可以媚俗，有作为的人是追波逐浪而不是随波逐流，懂得示好但绝不一味地讨好取悦，懂得尊重但绝不一味地迎合迁就。人当然不是生活在真空里，都难以免俗，但媚俗却出了格、变了味、走了样。齐白石说:“作画妙在似与不似之间，太似为媚俗，不似为欺世。”艺术生活如此，现实生活亦然。

现实中，太“合群”为媚俗，太不“合群”为自闭，一味讨好取悦、巴结迎合也就迷失了自己，当“不诘曲以媚俗，不偃蹇而凌尊”。

世俗是残留在人身上的一些不良习气，贪财、势利、见利忘义等，都是世俗的表现。在这样一个世俗社会里，要知世故而不谙世俗，虽不可能超然脱俗，却不可沾染世俗低俗。保持一份清高、一份矜持，这或许是屏蔽风险，防止被“拉下水”、被人“围猎”的一道“防火墙”。

人应当通俗而不庸俗，深入浅出乃通俗，而浅入浅出乃庸俗。庸俗表现为思想上的庸俗和言行上的庸俗，思想庸俗是根源，乃言行庸俗的“出发地”。什么是庸俗？追求、迎合并享受低级趣味者乃庸俗。庸俗的人，粗俗、低俗。古人云：“庸俗之夫，暗于别物，不分朱紫，不辨菽麦。”今人云：“庸俗是一种假风雅、赝美，有如混珠的鱼目；但它比鱼目更坏。”俗语说，俗不可耐。人们对庸俗之人大都鄙视、厌恶和疏离，正所谓“房王官喜宾客，好谈论，多引拔知名之士，而轻鄙庸俗，人多怨之”。于是乎，庸俗“且常人之所爱，乃上士之所憎；庸俗之所贵，乃至人之所贱也”。爱因斯坦曾经说过：“人们所努力追求的庸俗的目标——财产、虚荣、奢侈的生活，我总觉得都是可鄙的。”所以，“为自己寻求庸俗乏味的生活的人，才是真正可怜而渺小的”。

滚滚红尘，怎一个“俗”字了得。媚俗、世俗、庸俗让人卑微而不堪。

人可以随俗但不可以媚俗，有作为的人是追波逐浪而不是随波逐流，懂得示好但绝不一味地讨好取悦，懂得尊重但绝不一味地迎合迁就。

盲目、盲从、盲干是事倍功半的“墓志铭”

盲目是一种无目的、无头脑、没有方向、看不清目标的言行，盲目的人往往心中无数、眼中无路，有时都不知道自己在想什么、说什么、做什么。最大的盲目是思想上的盲目，由此带来行为上的盲目。盲目的人脑子糊涂而不清醒，言行冲动而不冷静，有时甚至疯狂而不理智。当一个人盲目的时候，智商和情商都特别低，总是跟无知睡在一起而不知道醒。盲目造成无知，无知带来盲目，正所谓盲目无知。人在很多时候不要盲目反对，但任何时候都要反对盲目。

盲目者容易跟风，跟风就是盲从。盲从是看见别人做什么，自己也跟着去做什么。曾几何时，诸如养生热、选秀热、追星热，等等，一波接一波、一浪接一浪，就是盲从闹出来的笑话。盲从者没有主见、没有原则、缺少主心骨，盲从的人常常对事物不加辨别、不加批判、不加思考、不加分析，往往随波逐流、人云亦云，“照办”“跟着感觉走”是盲从者的口号。活鱼追波逐浪，死鱼随波逐流。盲从常常在面对权威或偶像时发生，是从众心理开出的一朵奇葩，最终会结出人生苦涩之果。盲从的人，自己只是一具躯壳、一副皮囊。春秋时期的东施，是个丑女，她看到美女西施因心口痛捂着胸口、皱着眉头的样子很美，便也向西施学习。本来她容貌就丑，又皱起了眉头，本来形体就含胸驼背，又捂住了胸口，弄得更加丑陋不堪。东施效颦是因为盲从，结果闹出笑话；而燕国寿陵人邯郸学步，也是因为盲从，铸成错误人生，等等。盲从的人不敢提“不同意见”，不会去“独立思考”，所以，“要想成为真正的人，必须先是个不盲从的人”。盲从者有时容易被贴上

"听话""服从"的标签，甚至留下守规、懂事的好印象，被认为是尊重上级、听从指挥，然而，其实"盲目地表面上完全无异议地执行上级的指示，这不是真正在执行上级的指示，这是反对上级指示或者对上级指示怠工的最妙办法"。

盲干则是做事没有章法、不讲道理，盲干的人经常使的是蛮劲，走的是"偏锋"，甚至逆潮流而动、背规律而行。盲干，说到底不讲究方法，不注重科学，不可为而为之、不能为而为之，不顾主客观条件去做，是一种瞎折腾。

盲目、盲从、盲干的人，"拍脑袋"是他们的习惯，"拍胸脯"是他们的爱好，"拍屁股"是他们的伎俩。盲目的人必定盲从、盲干，最终因为"盲"而"瞎忙"，落个事倍功半甚至一事无成的结局。

第十诀

势利、功利、近利是鼠目寸光的“自画像”

“贫居闹市无人问，富在深山有远亲”“有财有势即相识，无财无势同路人”“豪门有利人争去，陋巷无权客不来”，等等，这些都是势利者的真实写照。对有钱有财、有权有势者百般趋奉、卑躬屈膝，反之则轻视疏离，乃势利者的通病。势利者只敬衣衫不敬人，说话办事总是“看人下菜碟”。势利者，小人也。势利小人没有是非原则，只有一己私利，为了得利可以不顾廉耻、不讲信用，在势利眼那里“有奶便是娘”。势利者，古今中外不乏其人，这种人可能会得势于一时，但绝不会得势于一世；可能会得一点好处、占点小便宜，但绝不会得大利，而且下场往往可悲可怜、可叹可惜。势利源于功利心太重，做什么事都把自己的利益、好处算计得很清楚，而且直奔着好处去。

功利者，实用主义也。俗话说：“无事不登三宝殿。”那种无事不上门，有事便把门来登的人就是典型的实用主义。《庄子·天地》中说：“功利机巧，必忘夫人之心。”一个把自己的功名利禄看得太重、举得太高、想得太多的人，势必会急功近利。

“利不可近，近利则商贾心。”近利，就是近眼前的一点蝇头小利，这样的人很短视，鼠目寸光、急于求成，做学问的会坐不住、做买卖的会忍不住、做官的会憋不住，会变得心浮气躁、追名逐利，甚至会不择手段、不顾廉耻，没有底线、没有节操。

“天下熙熙，皆为利来；天下攘攘，皆为利往。”势利、功利、近利皆因一个“利”。“利”可以有、可以讲，但切不可多讲常讲，更不可大讲特讲，“利”一旦太重、太大，则会利欲熏心、利令智昏，干出很多傻事、蠢事来。重利品不高。《围炉夜话》中说，“人品之不高，总为一利字看不破”。淡泊名利方能致远，也才能成大器；反之，将鼠目寸光、为利所困。

人品之不高，总为一利字看不破。

第十一诀

虚话、虚招、虚功是自欺欺人的“假把式”

做人做事最怕虚、最忌虚。说虚话、出虚招、做虚功，既误事又坑人还害己。

虚话未必是假话，但它是超出事实本身的话，是说得出却做不到的话，即通常所说的“言过其实”的话。虚话就是空话，听之不知其所云，闻之不知其所言，漫无边际、空洞无物；虚话就是大话，俗话说“吹牛皮”，睁眼说瞎话、闭眼瞎说话，瞒天过海。生活中其实有一种“小聪明”，叫“从来不说大话”，而说虚话的人连这点“小聪明”也没有。虚话就是套话，无的放矢、人云亦云，话语皆为格式化、模式化。鲁迅先生笔下的“今天天气……哈哈哈”，现实中如“领导，我给你提个意见，你的缺点就是工作太投入，不注意休息、不注意身体”等都是典型的说虚话。顾左右而言他，避实就虚、去里言表，尽是忽悠人的表现。

说虚话的人，出的招、做的事都不靠谱，带着水分、不实在，是玩虚的。“千招万招，不落实都是虚招”“这样子那样子，不见效都是做样子”，做样子就是做虚功。出虚招、做虚功，说到底或能力有缺陷，或作风有缺损，都是做人做事不实的表现。可怕的是，做人做事倘若沉醉于这种虚话、虚招和虚功之中，并且窃取因此而带来的一时半会儿的“红利”，则难以自拔、不愿醒来，这样的人最终生活在一种虚幻里，落个鸡飞蛋打、竹篮打水一场空的人生结局。做人做事，当大事不虚，小事不拘。

虚话、虚招、虚功，冒的是虚汗，出的是虚火，都是虚晃一枪白费劲，是“花架式”，无济于事、自欺欺人。

第十二诀

心急、心黑、心狠是半途而废的“点火器”

凡事别太急，很多时候，等一等就顺畅了，让一让就过去了，忍一忍就没事了，缓一缓就明白了。而所有的急都源于心急，心急是焦虑的表现。俗话说：“心急吃不了热豆腐。”人生如白驹过隙，当然要只争朝夕，但切不可心急火燎，因为很多时候成败得失不是只看朝夕。倘若一个人，大其心，容天下之物；虚其心，爱天下之善；平其心，论天下之事；定其心，应天下之变，则会心平气和。

然而，生活中很多人就是爱心急，工作、学习和生活中都是急匆匆的影子，不少人都似乎在人生的跑道上“抢跑”，急着出名、急着赚大钱、急着升官，等等。因为急着出名，可以不顾廉耻去搞五花八门的“抢镜”“出位”，有的人为了出名，都急疯了，只要能上“热搜”，不惜把自己搞臭，然后再抹一遍红花油遮臭；因为急着赚大钱，可以不顾操守去坑蒙拐骗，无所不用其极；因为急着升官，可以不顾底线跑官、要官、买官，“一年没提拔、心里有想法，三年没挪动、急着去活动”，等等。干什么都急不可待，慢不下、沉不住、静不了，时时处处显得很焦虑，焦虑成了眼下不少人的通病。人，一急就忙，一忙就慌，一慌就乱。忙乱、慌乱都是心急惹出来的。成功没有电梯直达，只能拾级而上，一步一个脚印。

心太急还导致心理变形走样，为了尽早达到目的变得不择手段、千方百计，甚至变得心黑心狠起来。“人心不足蛇吞象”的俗语告诉我们，人不可欲望太强、贪心太重，否则结局悲惨。心大的人会变得心黑，在心黑的人眼里世界是黑的，于是人不为己天诛地灭，心肠开始变坏，甚至会变得无耻。《厚黑学》中鼓吹要想成大事必须“脸厚心黑”，鼓噪只有完全做到脸厚心黑的人，才能到达权力和欲望的顶峰。这是绝对的误导和陷阱。

古往今来，心黑必定心狠，心狠必定手辣，这样的人在关键的时候会下狠手，甚至狠到“虎毒食子”，他们大多自私冷漠，为了一己私利可以置亲情、友情、爱情乃至人性于不顾。它与善良绝缘、与仁厚相悖。心黑心狠的人或许能干成一两件所谓的“大事”，但最终会把事情弄砸，落个众叛亲离、遭人唾弃的下场。

松懈、松垮、松劲是我行我素的“麻醉剂”

“歇一歇、喘口气、乘乘凉”，这是松懈者的口头禅。松懈多半是思想和心理、精神和情绪都有所懈怠，表现出注意力不集中、意志力不坚定。松懈首先是从思想开始的。思想松懈是一种思想上的滑坡和疲劳症，也是思想“被按摩”的结果。人在什么情况下最容易思想松懈？一是在安逸中最容易松懈。安逸让人舒服，无所事事则无所用心，不愁吃不愁穿则不思进取，所谓“温水煮青蛙”，在不知不觉中自我松绑。二是在“围捧”中最容易松懈。英国诗人布莱克有句名言：“诅咒使人振奋，赞誉使人松懈。”一个人总是生活在恭维、赞美声中，生活在掌声和鲜花里，会很容易骄傲自满，飘飘然、昏昏然，在不知不觉中放松自我。三是在“终点”时最容易松懈。数学家华罗庚说：“树老怕空，人老怕松。戒空戒松，从严以终。”船到码头车到站时，人最容易有所谓“想通了”“悟透了”的念头而思想抛锚，开始降低自我标准和要求，变得“无所谓”起来，而“无所谓”正是“无所畏”的开头，也是“无所为”的源头。

思想上松一寸，行动上就会散一尺。当一个人思想松懈之后，就会作风松散、行为松垮、做事松劲。懒散疲沓、不紧张、不紧凑乃松垮。松松垮垮是一种态度。人可以适当适时松弛一下，那叫张弛有度，但松弛绝不可以松垮。人放松一下也是必要的，但放松绝不可以松劲，如果任凭惰性在身子里滋长，那么一旦自由散漫惯了身子就会瘫痪，会让人沉溺和沉沦，变得无所谓和不以为然，变得我行我素、随心所欲，头脑中缺一根弦、身子上缺一股劲。人是需要一种精神和一股气的，逆水行舟不进则退，一丝松懈和退却则会一泻千里。

真正能拖住人后腿的不是身体的疲倦，而是精神的懈怠；真正能让自己垮下来的不是身体的疼痛，而是思想和心灵上的“绝症”。松懈、松垮、松劲正是一种精神上的懈怠和心灵上的“绝症”。

真正能拖住人后腿的不是身体的疲倦，而是精神的懈怠。

圆滑、油滑、狡猾是待人接物的“假面具”

说人不关痛痒、论事不知所云、道物不置可否，此乃圆滑、油滑、狡猾的现实写照。

圆滑者说人时，既似乎说其好，又似乎说其不好；论事时，既似乎说可以，又似乎说不可以；道物时，既似乎是方的，又似乎是圆的。总而言之，似乎什么都说了，又似乎什么都没说。说者很难找到明显破绽和纰漏，听者往往不知所云，或不知所措。圆滑是一种典型的世故。这种人在官场叫“官油子”，在社会被称为“老油条”。人之圆滑，堪称是人的一种本能，倘若以圆滑而达自我保护之效且无害他人之果，似乎也在情理之中、无可厚非。然而，不少人视圆滑为中庸，觉得是一种智慧，甚至奉圆滑为圭臬，还美其名曰“外圆内方”，结果成了左右逢源的骑墙派、风吹两边倒的墙头草，而且不以为耻、反以为荣，不以为戒、反以为乐。这就颠倒了是非、混淆了对错、模糊了好坏、弄坏了风气。人可以圆润而不可以圆滑，圆润是人际关系的润滑剂，给人以温暖，而圆滑说到底是一种虚伪。

圆滑与油滑是孪生兄弟，圆滑的人大都油嘴滑舌，特别善于耍嘴皮子，显得油腔滑调、不踏实；油滑不是幽默，而是不正经、小混混，它嘴上抹蜜、身上抹油，给人轻浮之感，让人反感。

狡猾则更进一步，是圆滑、油滑的极致表现，它诡计多端不可信，阴险奸诈不可交。狡猾之人大多是小人。宋代秦观《任臣策下》说：“后世狂夫小子狡猾不道之人，或假其名以资盗，窃其器以售奸。”狡猾如狐狸，所有的手法就在于千方百计藏住自己的尾巴而不让人看见和发现。然而，俗话说：再狡猾的狐狸也逃不过猎人的眼睛，最终，狐狸的尾巴还是会露出来。做人切莫圆滑、油滑、狡猾，自以为聪明却误了卿卿性命，自以为左右逢源却左右不是人，最终落个“聪明反被聪明误”。

做人别太装，早晚要穿帮；做人别太滑，迟早要挨砸。圆滑、油滑、狡猾最终会“滑倒”在人生路上。

第十五诀

耍赖、抵赖、无赖是道貌岸然的“马赛克”

赖者，不认账、不认责、不认过也。依程度轻重，可分为耍赖、抵赖和无赖。

轻者可谓耍赖，好比调皮的小孩子，淘气让人哭笑不得，它更多耍的是脾气，耍的是心眼。“忘记了，没有这回事啊！”往往是耍赖者的口头禅。耍赖是不讲理，往往与撒娇为伴，让人哭笑不得，无可奈何。耍赖的人或许能一时占到小便宜，但失去的却是信任这个“大礼包”，而信任一旦没了，人与人的根基就塌了，再要唤回，就好比折叠过的白纸，再也没有恢复原状、原样的可能。从这个意义上讲，耍赖者得不偿失、因小失大。

抵赖则是罔顾事实、编织谎言、百般狡辩以否认过失乃至罪行，抵赖的人可以昧着良心、睁着眼睛说瞎话，一副“死猪不怕开水烫”的架势，往往死扛、硬撑，其实这样的人已经无疑是个无赖了。抵赖是讲歪理、讲蛮理，常常与撒泼为伍，让人义愤填膺、无所适从。抵赖者的身上有一股痞气，它是把最后一层遮羞的布撕掉给人看。抵赖主要抵的是事实，抵赖者最怕的是事实，而事实最终是抵赖不了的，抵赖者或许凭三寸不烂之舌百般“洗白”，但黑的终归是黑的，黑的白不了，白的也黑不了，所以，抵赖的人最终会“原形毕露”。

如果说耍赖的人尚且可以被“救死扶伤”的话，那么无赖之人则病入膏肓、无药可救了。如果说耍赖只是坏到刚刚好，那么抵赖、无赖则是坏透了，无赖无异于流氓、恶棍和地痞，市井无赖只会死乞白赖。无赖是既不讲理，又讲歪理，还歪着讲理，时时与撒野为友，横七竖八想怎么样就怎么样。这种人身上散发着匪气、戾气，无赖者大都游手好闲，而且刁滑强横、品行不端。做人切不可成为无赖之徒，抵赖、无赖的人没有一个有好结果。

撒谎、撒泼、撒野是野蛮生长的“罂粟壳”

人这一生不可能没有撒过谎，撒谎似乎是一般人的天性。然而，人不可以撒大谎，也不可以常撒谎，更不可以一辈子撒谎。不管怎么说，撒谎都是不诚实的表现，不管出于什么目的，撒大谎和常撒谎都是不可以原谅和宽恕的。撒大谎和常撒谎，既失信于人，又让自己背上沉重的精神十字架。有道是：对信任你的人，永远别撒谎；对你撒谎的人，永远别相信。受伤莫过于被骗。当你一股脑儿、毫无保留地信任一个人却突然发现他对你撒了谎，而且是天衣无缝地撒了弥天大谎，狠狠地骗了你一把，让你一直蒙在鼓里，那一刻，所有的信任都会“碎了一地”。撒谎伤人又害己，撒谎多的人没有朋友。撒谎是戴着面具在跳舞。谎言，标榜者的艺术，卑鄙者的道具，它像一朵盛开的鲜花，外表美丽，生命短暂。

如果说，撒谎折射出一个人修养低下，那么撒泼和撒野则折射出一个人教养缺失。撒泼打滚，指的就是那种嘴里骂着泼辣的话，躺倒在地上打滚的样子。这是对撒泼者的形象刻画。眼下，当街撒泼的事时有所闻、屡见不鲜，有的是酒后“借酒装疯”，有的是冲动“丧失理智”，有的是任性“大打出手”，有的是耍横“歇斯底里”，有的是卖萌“目空一切”，等等，丑态百出，闹出不少笑话。

撒泼、撒野的人言语放肆、行为放荡，粗俗无礼、任性无边，既不尊重别人又不尊重自己。那些撒泼的“路怒”、撒野的“雷语”，最终都要为自己的任性放肆而买单，付出沉重代价。

发泄、发飙、发狂是人生休克的“注射剂”

发泄、发飙、发狂都是一种情绪的表达，只不过表达的程度不同而已。人都是有情绪的。总的来说，情绪会让人的言行走形变样，形象歪东倒西。把情绪表达出来是本能，而能够把情绪掌控住则是本事，高明的人做情绪的主人，愚蠢的人做情绪的奴隶。

现代社会，工作节奏快、竞争强、压力大，人们普遍积压着各种各样的情绪，于是人们会采取多种多样的方式来宣泄和排解，有的爬山、打球、跑步等，通过运动提振精气神；有的三五成群去K歌或玩游戏，通过转移注意力去放松和释放自己，等等。但也有的酗酒，沉湎于“一醉解千愁”，有的甚至去摔打东西、打架斗殴，借实物来宣泄，等等。一个人总有不开心、不顺心、不舒心的时候，在这个时候，需要而且可以释放和排解出来，但释放得适度，得有合理的方式。如果一味地不顾场合、不分对象、不管分寸地发泄甚至发飙、发狂，势必会吃“后悔药”，正所谓：“冲动是魔鬼。”

现实中，有些人的美好前程往往定格在发泄的那一刻，秒杀于发飙、发狂的那一瞬间。人得学会忍，学会忍受、忍耐、忍让。俗话说：“忍得一时气，免遭百日忧。”忍，既能“免遭忧”“不乱大谋”，又能修身养性。发泄、发飙、发狂虽然一时痛快爽快，却常常让人追悔莫及。把脾气发出来是一般人都能做得到的，而把脾气压下去却是一般人做不到的。人有情绪当然可以也应该发出来，但能管理好和控制住自己情绪的人才是大丈夫和真君子。

黑夜的转弯是白天，愤怒的转弯是快乐，有的时候让心情转个弯就是晴天。发泄、发飙、发狂恰恰就是不会让心情转个弯。

示强、好强、逞强是盛气凌人的“报警器”

人该不该示强？应该或者可以的话，怎样示强？一般而言，应该示强时可以示强，但得恰到好处，不可一味示强，更不可以好强、逞强。具体地说，至少在三种情形下可以也应该甚至必须示强：一种是需要“不战而屈人之兵”的时候；一种是需要提振精气神的时候；一种是需要保自身安危的时候。示强应当“刚刚好”，得适可而止，必须见好就收，掌握好火候。一味地示强容易惹是非、引怨恨，树敌太多，使自己成为众矢之的，招致“羡慕嫉妒恨”。人不可太强势，太强势的人，盛气凌人、咄咄逼人，给人压迫感、窒息感，让人透不过气来、缓不过劲来、回不过神来，使人畏之远之。真正强大的人，有不怒而威的气质、气势和气场，唯有表面强大、内心脆弱的人，才时时处处表现出强硬，生怕人家不知道他的强大和强硬，甚至以此来掩饰和遮蔽内心的那份软弱、脆弱和羸弱，正所谓外强中干也。

好强的人，爱跟人斗，斗力又斗嘴，有好斗的个性特质，总是爱压倒人、战胜人，不甘示弱，吃不了亏、受不了气、忍不了委屈。时时处处事事逞强、示强是好胜者的习惯。逞强、示强是一种炫耀、一种显摆和一种卖弄，甚至是一种嚣张、狂妄和耍威风。好强、逞强不是一个真正的强者所为，从来没有见过哪个真正的武林高手在出场过招之前先要自吹自擂一番。逞强是真正的弱小，逞能是十足的笨拙。

好强、逞强的人，容易斗气逞能，甚至因为“气不过”而“气过头”，结果自己受伤、受损和受害。历史上秦国有个秦武王，好勇武，曾执意要和大力士比力气举大鼎，结果被大鼎砸死，闹出天大的笑话。逞强是自不量力的表演，是匹夫之勇。秀肌肉是人的一种本能，秀智慧是一种本事，秀智慧比秀肌肉好。

逞强是真正的弱小,逞能是十足的笨拙。

多心、疑心、分心是英雄气短的“垃圾桶”

心，乃万事万物之源。心小了，小事就大了；心大了，大事都小了。心宽了，什么都能放过；心窄了，什么都会发堵。所谓心态的“态”字，拆解开来讲，就是心大一点。心大一点，心态就好了。人的心态如同琴弦，太紧则易断，太松则无音，只有松紧适度，才能弹出美妙之音。一个人，倘若成不了心态的主人，就必然会沦为情绪的奴隶。凡事，既受益于心，又受害于心。

多心、疑心很累也很苦，伤人又害己。多心、疑心既源自对他人的不信任，也源自对自己的不自信。多心、疑心的人总是对人与事过分敏感，特别在意他人怎么说、怎么看，总有一种不安全感。他们喜欢胡思乱想，习惯于把简单问题复杂化，结果是困在一团乱麻般的猜测中走不出去、跳不出来。

多心与疑心是一对“双胞胎”，多心久之则疑心，疑心多了则成“疑心病”。人，还是简单点好，有时候，与其多心倒不如少一根筋，不妨把复杂问题简单化。人有一份戒心和防范之心无可厚非，这理应是贴在心上的一层合情合理的自我“保护膜”，但戒心、防范之心不可延伸、夸大，不然则演变成多心、疑心。疑心是人与人最远的距离。《列子·说符》中有一个“疑邻偷斧”的故事，当他怀疑斧子是邻居家儿子偷时，时时刻刻都觉得邻居儿子像是偷斧的人；当后来他找到斧头时，又遇到邻居儿子，再留心看邻居儿子，其走路的样子、脸色和说话都不像是偷斧的人了。这种戴着有色眼镜看人，或干脆门缝里瞧人，都是“疑心病”惹的祸，结果不是把人看歪了，就是看扁了，甚至看坏了。信任人是一种境界，被信任是一种幸福。

对一个人信任的深浅，不是看你会不会对他笑，而是看你愿不愿意当着他的面哭。

多心、疑心久了，自然会分心，不可能专注于本该全心投入的人与事。人心的存量空间是有限的，被多心、疑心挤占的空间多了，心思不集中，分心也就难免了。多心、疑心、分心重的人难以专心致志干成事。

一个人的心里装得多叫分心，装得过多叫多心，装得太多叫疑心，分心、多心、疑心都是一种心病。多心、疑心其实是一件痛苦的事，如果不改变则会更加痛苦。痛往往都是别人给的，但伤都是自己好的。与其痛苦，不如不去吃这个苦，关键取决于自己。心中充满阳光的人，世间便没有雾霾天。

第二十诀

失意、失望、失志是自暴自弃的“安魂曲”

人生都在追求快乐、向往成功，但失意却是在所难免的。人的一生，不可能一直顺风顺水、平步青云，难免会碰到这样那样的挫折、不顺、打击或不顺心、不如意的倒霉事，甚至会遭遇“暗礁”，遭受“暴风骤雨”“腥风血雨”。碰壁了，甚至失败了该怎么想、怎么办？成功者往往得意之时淡定，失意之时坚定。志得意满时，需要的是淡然，给自己留一条退路；失意落魄时，重要的是泰然，给自己觅一条出路。事实上，一个输不起的人，常常就是一个赢不了的人。成功很固执，它不相信言语，只相信行动。然而，很多人不是这样，他们有的不堪一击、失意彷徨，有的一泻千里、失望迷惘，有的一蹶不振、失志沉沦，等等。其实，倒霉是一种永远也不会错过、不该错过的运气。一个从来没有失败过的人，必然是一个什么也没有尝试过的人。

人可以被击败，但不可以被击倒。人生路上有两件事是最值得骄傲的，一件是从成功中走出来，另一件是在失败中站起来。如果说站起来的次数能够比跌倒的次数多一次，便是强者。人生的高度都是由跌倒的经历累积起来的。这个世界上最富有的人，可以说是跌倒次数最多的人；世界上最勇敢的人，应该是每一次跌倒都能爬起来的人。所以，跌倒不算失败，而爬不起来才算真正的失败。赢家不是那些从不失败的人，而是那些从不言弃的人。大凡成功者，其实成功的秘诀很简单，就是不怕失败和不忘失败。失败不是成功的反面，而是成功的一部分，只要在失败中有所收获，就是一种成功。当一个人碰到困难、失败和过不去的坎时，不妨换一种人生姿势，学会说没关系、不要紧、有机会、再来过，留得青山在不怕没柴烧，只要精神不滑坡，办法总比困难多。把困难踩在脚下，你才会站得更高。生活中的现象昭示一个道理：走在光滑的冰面上容易摔倒，是因为上面没有坎坷，有坎坷有时反而是件好事。危机当中有转机，在痛苦与焦虑中，说不定正蕴藏着人生的华丽转身、精彩转型。任何时候都要明白：酸甜苦辣是生命的富有，赤橙黄绿是人生的斑斓；这个世界只有回不去的路，没有过不去的坎。当你失落时，留点空白给希望，希望是你的指路灯塔。一个人最大的破产是失望和绝望，最大的资产是指望和希望。人不怕走在黑夜里，就怕心中没有阳光，只要阳光在，黑夜就有尽头。

失败并不可耻，失志才是可悲。古人云："三军可以夺帅也，匹夫不可夺志也。"真正可怕的是失去了志向、志气，如果志向变了、志气没了，那才是真正彻底地失败了。悲观的人先被自己打败，然后才被生活打败；乐观的人先战胜自己，然后才战胜生活，正所谓："志之难也，不在胜人，而在自胜。"

空话、空虚、空洞是空白人生的“软刀子”

空，虚也、无也。做人做事，空是最可怕的，大到误国误家，小到误人误事，害人又害己。

“空口说白话，眼饱肚子饥。”说空话就是说没有实质性内容的话，它其实是做人不实的反映。打空拳费力，说空话劳神。说空话令人讨厌，它常常忽悠人、糊弄人、吓唬人，往往不着边际、不切实际，上不着天、下不着地。官话、套话、大话是空话的面孔。杂草多的地方粮食少，空话多的地方智慧贫。常说空话，是做人空虚、做事空洞的表现。

空虚是一种心态，源于没有信仰、无从寄托、失去支柱，正所谓思想空虚、精神空虚、心灵空虚。人生最大的危险在于一个空虚的心灵。当一个人整日不知道自己为什么活着、怎样活着，该干什么、怎么干时，也就只剩下一副皮囊，如同行尸走肉了，那样的人生百无聊赖，无所适从，于是乎，“今朝有酒今朝醉”，花天酒地、酗酒吸毒、醉生梦死者有之；“穷得只剩下钱”，只图物质享受、一味追名逐利者亦有之，等等。人最大的空虚莫过于，到最后回头看人生一片空白，白来一回没留下一点痕迹。如果说，我们不能留下一些让自己热泪盈眶的日子，我们的生命就是白过了。

人这一生，可以没有背景，但得有辛苦努力、奋力拼搏的背影。俗话说，“英雄不问出处”“自古英雄多磨难，从来纨绔少伟男”，多少有成就的人都出身寒门，但他们平凡而不平庸，草根而不“草包”。其中的关键就在于，是选择奋斗还是选择享受，是找“背景”还是留下辛苦的“背影”，能不能吃苦受累、自强不息。不拼不搏，人生白活；

不苦不累，生活无味。

人这一生，可以没有奇迹，但得有成长成才的轨迹。人生好比一场长跑，有的人能创造奇迹，不断跑出新的纪录，然而更多的人则只能一步一个脚印地跑完全程。但不管怎样的人生，都应该有自己清晰的成长成才路径，不能浑浑噩噩、迷糊不清。人生可以没有跳跃似的奇迹出现，但一定要过得有模有样、有声有色，干一件事成一件事、做一样东西像一样东西，走出一条不错的人生轨迹。

人这一生，可以没有事故，但得有回味的故事。对于每个人来说，人生之舟经不起事故的颠簸，任何一次事故都有可能在瞬间让自己的人生拐弯和转向，特别是大的事故可能就此逆转甚至葬送人生前程。人生之路要避免事故，但得有这样那样的故事发生，没有故事的人生平淡无奇，过于沉寂，像一潭死水荡不起涟漪。有故事的人生充满意趣，有故事的人有内涵、有厚重感，越有故事的人越沉静简单、从容不迫。当然，故事如果处理不好，也许会演变成事故，在一定意义上讲，故事就是没有变成事故的事。事故不堪回放，故事可堪回味。美好生动的故事是人生的一笔宝贵财富。

人这一生，可以没有权力，但得有正向影响力。权力是把双刃剑，用得好则造福于人，也为自己的人生增添光彩；用不好则害人害己，又误事坏事。同时，握有权力，就会面临各种各样的捧杀、诱惑、陷阱和"围猎"。贪图权力，为无权或权力小一点就纠结、伤神，而不及时修养心性，以致德不配位，则很容易腐化堕落。"人可一生不仕，不可一日无德"，思想道德的影响力是持久而深远的。人最应该做的，是不慕、不贪乃至不要权力，而去思考如何活得有影响力，从思想观点上、人格魅力上立身，方能成就人生价值。

"没劲"是空虚的"口头禅"，空虚常与无所事事相伴。空谈也罢、空虚也好，最终会让自己的人生空洞无物、一事无成。人要过得精彩，活出价值，切忌常说空话、做人空虚、做事空洞。

人这一生，可以没有背景，但得有辛苦努力、奋力拼搏的背影。

第二十二诀

走神、走偏、走样是扭曲变形的“哈哈镜”

走神乃跑神，说的是思想抛锚、开小差儿，表现得精神不集中、注意力分散，发呆常常是走神的表情。人的精力是有限的，干事情需要专心致志、聚精会神，特别是干一些专业性强、精准度高，包括时间紧、任务重、压力大、必须“万无一失”的事情，尤其需要一心一意、心无旁骛的“工匠精神”，这样才能干一件成一件。人难免会走神，但得避免老走神、常走神，人的很多问题都是从思想“抛锚”开始的。干大事者忌走神，需要“安、专、迷”。有的时候，对有些事情就是要有一种“发呆”的精神，忘乎所以，不顾其他。

思想走神，则必然带来为人处世走偏、言行举止走样。世间万物，有其轨有其道，也就是常规常理，不可跑偏、不可逾越。走偏是走歪的开始，走样是走形的起步。不可小觑偶尔的走偏、走样，如果把握不住、控制不好，一旦让它成为一种常态再想纠正过来、扭转过来就难了。路可以回头看，却不可以回头走。况且，一个频频回头看的人，更是走不快路、也走不了远路的。什么样的人容易走偏、走样？一是“头脑昏”的人。辨不清方向，分不清好坏、对错、是非，或者有了一点成绩便飘飘然、昏昏然，陶醉于鲜花和掌声中。“头脑昏”会失去方向感，头重脚轻乱了步子。二是“耳朵聋”的人。只听顺耳的话，不听逆耳的话，只听赞歌、“礼炮”声，不听骂声、批评声，只会选择性地听，或“耳根软”，偏听偏信，听风就是雨，被人牵着鼻子走。三是“眼睛瞎”的人。只看眼前、不看长远，只看表象、不看本质，只看一时、不看平时，只看结果、不看过程，结果会“乱花渐欲迷人眼”。

内心欲望太强的人必定会走形变样，因为欲望往往让一个人“头脑昏”“耳朵聋”“眼睛瞎”。人生如扣扣子，每一粒扣子都应该扣好，任何一粒扣偏了、扣歪了，人生的整件衣服就都偏了、歪了。人生的树苗，从一开始就得让它笔直地生长，当它开始斜着、歪着长时，就要去扶正，否则它就会一直歪着、倒着成长，以至于长不高、长不大、长不直。

失言、失态、失信是成功路上的“拦路虎”

人的言行通常在几种情形下容易变形扭曲：大喜易失言、大怒易失礼、大惊易失色、大哀易失颜、大惧易失节、大话易失信、大醉易失态。在这“七失”中，失言、失态、失信屡屡见之，让人追悔。

人生在世少不了说话，但说什么、怎么说不能随随便便，不可以信口开河。守嘴不惹祸，守心不出错。能守得住口，方守得住心。有的人总是口无遮拦，不管什么话、不管对谁和不管什么地方，信口雌黄，甚至胡言乱语，整个一张大嘴，结果祸从口出、失言失礼，这既是浅薄的表现，又是膨胀的表露，不少人因此而惨遭秒杀、付出代价。一个人在说话之前是话的主人，话说完后便成了话的奴隶，正所谓覆水难收。不是什么话都可以任性说，也不是什么场合、什么对象都能够随性说。“吉人之辞寡，躁人之辞众。”水深不语，人稳不言。“可与人言而不言，失人；不可言而与人言，失言。知者不失人，亦不失言。”

如果说，失言是言语上的“出轨”，那么，失态则是行为上的“失节”“失常”。只不过，失态是意识清楚正常下的不正常行为举止，而失常则是意识模糊混乱下的不正常行为举止，行为举止违背常规、违反常理，表现出不正常。失态就是“出洋相”，是行为上的错位。失态的人失去的是身份、礼数和自尊、自重、自爱。人这一生，难免在特定情况下，会一时失言甚至失态，但切忌大的失言、严重的失态，特别是经常失言失态，那样会被人耻笑，丢人现眼。当然，失言失态了要学会弥补，而对过去的错误最好的补偿，就是在未来做正确的事。

人最好不失言，也不失态，更不失信。失信是违背约定、背弃诺言、不守信用，也是一种食言。食言是说话不算数，是话乱说、说乱话，失言则是乱说话。“言必信，行必果。”“一言既出，驷马难追。”说到做到是做人的基本，守信用是安身立命的根本。一个人要赢得信任只需记住两条，即：做你说过的，说你能做的。人这一辈子，很多东西可以失去，但就是不可以失信，“祸莫大于无信”，失信是最大的破产，也是最大的失败。失信则失人，“人背信则名不达”，一旦失信寸步难行。正如哲人所言：失足，你尚且还可以恢复站立；失信，你也许很难在人群中立足。

说了不该说的话乃失言，做了不该做的事乃失态，而本该说的话却没说、本该做的事却没做乃失信，其结果都会让人生止步、前程夭折。

第二十四诀

轻浮、轻率、轻信是自欺欺人的“添加剂”

做人不可轻浮，做事不可轻率。轻浮之人，言行随便、轻佻浮夸；轻浮之人，华而不实、薄而又浅。“墙上芦苇，头重脚轻根底浅；山间竹笋，嘴尖皮厚腹中空。”轻浮的人，对己不自重，对人不尊重，既不稳重，又不庄重。“浅近轻浮莫与交，地卑只解生荆棘。”轻浮的人，往往因为不自重而被人“看轻”，因为不尊重人而被人瞧不起。人可以活泼不可以轻浮，轻浮常常是猥琐的前奏。

“闭眼睛想事情，拍脑袋作决策，拍胸脯打包票”往往是轻率之人的习惯性动作和标志性符号。轻率的人主观臆断，经常“想当然、凭感觉”。轻率是草率、鲁莽、随随便便的“一母同胞”，是坏毛病、坏习惯，是不负责任的表现。这类人既对工作不负责，又对自己和他人不负责，让其做事结果必定是“拍屁股走人”，不了了之。

轻信是轻浮和轻率的延伸，一个轻浮、轻率的人往往也是个在很多时候轻而易举便会相信一切的人。“害人之心不可有，防人之心不可无。”有时多问几遍“为什么、凭什么、是什么”，想想天底下没有“免费的午餐”，不会“掉馅饼”。要深知，天上掉馅饼之时，就是地上有陷阱之时，切莫轻信，这样自然多一道自我保护的屏障。轻信有时源自过于自信，有时又来自于自卑，过于自信或自卑让轻信有机可乘。

“慎重则必成，轻发则多败”，轻浮、轻率、轻信为自己的人生败局注入了添加剂。

第二十五诀

尖酸、尖刻、尖锐是咄咄逼人的“放大器”

人当豁达大度不可鸡肠小肚，当平和宽容不可尖酸刻薄，当得饶人处且饶人、得让人处且让人，不可得理不让人，逼人逼到墙角。与人交往时，给他人留空间，就是给自己留余地。

然而，现实生活中经常会看到或听到说话尖酸刻薄的人，他们爱奚落人，喜欢挑人的短处、毛病甚至揭人隐私，冷嘲热讽、挖苦取笑，有的含沙射影，有的指桑骂槐，话里话外、字里行间带着刺儿、阴阳怪气。尖酸刻薄的人，有几个特点：一是很强的攻击性。表面批评实则挖苦，似乎是在指出问题、实则贬损他人，似乎是在讲你的毛病、实则在做人身攻击。二是很差的相容性。这种人总是看人的缺点，往往把人看得一无是处，似乎谁都不是好人，于是很难心平气和地与人相处。三是很大的破坏性。尖酸刻薄的人，像刺猬易扎人，往往会把一个地方的空气搞得很紧张，气氛搞得很僵化，对和谐氛围是一种破坏。尖酸的话语、尖刻的态度伤心又伤面，让人尴尬难堪、无法忍受。然而，有人喜欢用“刀子嘴豆腐心”来原谅自己，或博得人原谅。其实，再美好善良的心地，如果长出“刀子嘴”，也会让善良的心地杂草丛生，让原本美好善良的愿望打了折扣。你可以有棱角，但你不能刺伤别人。常言道：脾气和嘴巴不好，心地再好也只能算是个打折的好人。人要积口德，如果你的舌头变成刀子，首先割破的就是你自己的嘴唇。“刀子嘴”有锋利的牙齿，不仅伤人脸面，更伤人心。

尖酸刻薄的人，嘴上带刺或因心里带刺，说话尖酸或因心眼针尖儿大。这种人一般待人冷酷、过于严厉、凡事苛求，性格也比较孤僻、偏执。尖酸的话语图的是自己嘴上一时的痛快，却被人心里一直痛恨。尖酸刻薄的人，说到底是内心好斗、骨子爱争，他们习惯与君子斗名、与凡人斗利、与庸人斗力，喜欢与上级争风、与同级争宠、与下级争功，于是乎，时时处处要占上风、抢头彩，结果不惜出言不逊。宋代陈抟《心相编》中说："愚鲁人说话尖酸刻薄。"尖酸刻薄说到底是一种愚笨和鲁莽，是缺乏修养、没有涵养的表现。

尖酸、尖刻、尖锐，锋芒毕露、咄咄逼人，是不带柄的两头冒尖的匕首，既刺人又伤己，既损人又不利己。吞下尚未出口的恶语，不会伤了自己的肠胃；放弃尖酸、尖刻、尖锐的话语，只会让自己更美。

自贬、自损、自卑是自怨自艾的“咏叹调”

人可以自嘲但不可以自贬、自损。自嘲就是自我解嘲，拿自己开玩笑、调调侃，这既是有自信、有底气的表现，又是特定情况下缓解尴尬、融解气氛、化解矛盾的能力，自嘲显示出一种幽默、风趣和机智。真正的强者，能够认清自己的缺陷，并且拥有勇于自嘲的胆识。聪明的人开自己的玩笑，愚蠢的人往往开别人的玩笑，甚至拿别人开涮。然而，自嘲不可过之，过之则成自贬乃至自损。

自贬、自损就是往自己脸上抹黑，就是丑化、污名化自己，它已经超出一般意义上的调侃。照理讲，人都有自尊、爱面子，都习惯给自己“抹红”或“涂脂抹粉”，谁愿意往自己脸上泼脏水、倒污水呢？细想起来，拿自己开涮的人，或欲有求于人，或想委身于人，或内心畏惧于人，这其中有的可能是自愿的、心甘的，有的则可能是无奈的、被迫的，但无论是哪一种皆因心态不良，或心术不正，或心思不好而致，都不可取。有时候“把别人的快乐建立在自己的痛苦之上”已经不是一种境界，而是一种自轻、自贱，甚至是自毁自灭了，而自轻、自贱正是源于内心的自卑、自怜。

人可以自谦但绝不可以自卑，自卑的人始于自己看轻自己，卒于他人看不起自己。人生在世，“贫贱不能移、威武不能屈、富贵不能淫”，应该活得有气节，不卑不亢、昂首挺胸，不为五斗米折腰，不因名利作践自己，做一个骨头硬、腰板直的大写的人。这样的人人品有高度、人格有硬度、人性有厚度，活得有尊严、有个性，既让人敬畏敬仰，又让人敬重敬佩，是个顶天立地的人。

自贬、自损、自卑是跪着生，它永远换不来他人的尊重，只能低吟着一曲自怨自艾、自暴自弃的“咏叹调”。

门客、门宦、门附是为官从政的“绞索架”

门客、门宦、门附是什么？就是封建人身依附那一套，谁是谁提拔的，谁是谁的人，谁是谁的主子，谁是谁的嫡系，等等。

门客作为官僚家中豢养的帮闲或帮忙的人，最早出现于养客之风盛行的春秋时期，它既是官僚贵族地位、身份和财富的一种象征，又是那些有鸡鸣狗盗等一技之长“食客”们讨好、争宠主子的一种人生选择。门客的人生目标是求富贵、图尊荣，实现的路径便是通过依附某个主子，把自身“工具化”，构成豢养与被豢养的主仆关系。到了晋、南北朝时，那些依附于豪门世族的人又称为门附，《南齐书·刘怀珍传》中称："怀珍，北州旧姓，门附殷积。"门客、门臣、门附好比"毛"，附之于某张"皮"，他们甘做"家臣""走卒""伙计"和"马仔"。

门客、门宦、门附是封建糟粕。"主子"得势时是"看门狗"和"哈巴狗"，狗仗人势、得意忘形；而"主子"失势时则成了"落水狗"，遭人嫌弃、被人追打。门客、门宦、门附是可怜的，也是可悲的。他们得看"主子"的眼色说话办事，极尽投机钻营之能事，阿谀奉承、低三下四，唯唯诺诺、奴颜婢膝，花言巧语、溜须拍马，像牵牛花一样，依附高枝攀爬，挺不起自己的身躯，它得仰人鼻息而行事，寄人篱下而苟且，丧失气节，放弃做人的尊严。

为官从政，"决不能搞门客、门宦、门附那一套，搞这种东西总有一天会出事"！这既是历史教训，又是现实告诫。

贪权、贪钱、贪色是身败名裂的“大黑洞”

权、钱、色是做人做事做官路上的三道坎、三座山和三扇门，顺利地迈过、翻过和转过，则幸福做人、成功做事、平安做官，反之则摔跤跌倒。

人们常说权力是把双刃剑，用得好可以助人成事，用得不好则坏事害己。权力的确是个好东西，谁都喜欢，但权力又确实不是个好东西，一旦权力与私利联姻、跟欲望捆绑、和任性为伍，成为寻租的工具，那么权力就会变成自掘坟墓的工具。任何东西都适可而止最好，权力大、责任大、风险大、“围猎”的人多，这都是成正比的。有时权力既似一副春药让人兴奋着迷，又像一帖毒品使人上瘾受害。对手中的权力既要懂敬畏，又要懂知足，贪权绝非好事，如果整日削尖脑袋一味“往上爬”，迟早一天会重重地摔得很惨。

人没有钱寸步难行，然而，一味贪钱则万万不行，不论什么人，如果见钱眼开、嗜财如命，势必会不择手段、铤而走险。“人为财死、鸟为食亡”，人不能把钱带进坟墓，钱却可以把人带进坟墓，不要让钱财奴役了你的心灵，遮蔽了你的双眼。老祖先告诉我们，钱字写法右边是两个戈，意味着金银财宝边上站着两位手持长矛的士兵时刻守护着。古人云：“君子爱财，取之有道。”不义之财、非法之物，任何时候、任何情况下都不能有非分之想、非常之念，都不可乱要乱得，特别是为官者，“手莫伸，伸手必被捉”。钻进孔方兄眼里的人会出不来，贪钱死路一条。

老祖先还告诫人们，色字头上一把刀，古往今来，多少人见色起意、色胆包天，做出“冲冠一怒为红颜”，甚至“不要江山要美人”的傻事、蠢事来，最后都身败名裂。如果一个人不能做到坐怀不乱的话，那么所能做的便是不要让人有坐怀的机会。秀色不可贪，大凡拜倒在“石榴裙”下的人都起不来。

有一种说法，你也许不清楚自己是个什么样的人，但当你面对权力、金钱和美色的诱惑时，你就会知道真正的自己是个什么样的人。平心而论，对于权、钱、色，一般人都会有渴望、有向往和有需求，但该得的得、能要的要、可以有的有，而过之则不得、不要、不取，特别对于为官者，这是“三道关”。

这忌那忌，贪权、贪钱、贪色是最大的忌，这三样东西无论贪哪一样，都会落个鸡飞蛋打、竹篮打水一场空的人生结局。

第二十九诀

小山头、小圈子、小团伙是仕途路上的“死胡同”

人，是社会性群体，生活在各种社会关系中，于是有着各种各样的交往，结成某种纽带，形成诸如“老乡”“同学”“战友”等各种不同的圈子。但“圈子”不等于搞“小圈子”，如果将公权力或公共资源融入“小圈子”，搞各种各样的利益输送、投桃报李，则这个“小圈子”千万要不得，早晚会出事。

曾几何时，一些人迷信“拜码头”“进圈子”，似乎那样安全可靠，所谓“背靠大树好乘凉”“朝中有人好做官”。于是热衷于编织关系网、建“小圈子”，搞团团伙伙、拉山头，搞什么“同学会”“战友圈”“乡友团”，甚至搞江湖式的“金兰结义”，等等。削尖脑袋找靠山、攀高枝、抱大腿、进圈子，想尽办法拉关系、找门子、拜码头，这都是在政治生态不好、风气不正、各种“潜规则”盛行情况下变形走样的为官从政行为。随着各种“潜规则”被打破和政治生态的净化，在靠山很有可能成为“火山”、圈子很容易画“圈”为牢的情况下，搞小山头、小圈子、小团伙那一套不但不灵了，而且不行了，甚至会出事。残酷的现实是，上山头不易下山头更不易，进圈子不易出圈子更不易。靠山容易成为“火山”，圈子容易画“圈”为牢。邓小平曾告诫：“小圈子那个东西害死人呐！很多失误就从这里出来，错误就从这里犯起。”为官从政者，就是要横下一条心，让上下级之间的关系回归正常、理性和本真，做到简简单单、清清爽爽、规规矩矩、平平常常、干干净净、明明白白，团结而不结团，同志而不同伙。

“我们都是来自五湖四海，为了一个共同的革命目标，走到一起来了”，干事业要靠班子不靠圈子，靠团队不靠团伙，搞小山头、小圈子、小团伙那一套，总有一天会出事！

第三十诀

不知足、不知耻、不知畏是败走麦城的“通行证”

“祸莫大于不知足；咎莫大于欲得。”要想做生活的主人，就不能做欲望的奴仆。人的欲望就像是跑步机，不管你如何努力，它都不会带你前行。做官要知足，“官帽”总是有限的，总会有个“头”。如果不知足就会把当官看得过重，会沉湎于当官路线图的设计，会为每一次的升降去留而千方百计、千辛万苦，为每一次的不如意不如愿而焦虑、抓狂、耿耿于怀，甚至无法释怀、失落失衡。从现实看，这种失落感的抬头往往是人生观、价值观蜕变滑落的开始。有的人就是因为一次选举落选、一次安排落空便所谓的看穿、看破和看透，背弃初心、背叛初衷，开始放弃原有的人生追求，有的转而搞迷信、求神拜佛，或转向贪图享乐、纸醉金迷，变得贪婪腐化、破罐破摔。

为官要懂得知足，经常思前想后，学会横比纵比、学会算账。有的人就是不知道怎么比，总是和那些自以为各方面条件不如自己却比自己进步快的、运气好的、职位高的比，结果越比越泄气，越比越感到不服气；还有的人就是不知道怎么算账，只算自己的付出而不算自己的获得、只算自己的奉献而不算自己的索取、只算自己的苦劳辛劳疲劳而不算自己的功劳，甚至只算小账而不算大账、只算眼前账而不算长远账、只算过去账不算未来账、只算成本账而不算成长账，等等，结果在这般不合理的比较和算账中，心理发生倾斜，变得更加不知足。

人可以无知但不能无耻。无知不可怕，只要加强学习，就会从无知到“有知”；可怕的是无耻，更可怕的是还不知耻。古人说：“知耻而后勇。”然而，有的人却不知耻。有的以丑为美、以恶为好；有的是非颠倒、好坏不分；

有的甚至认贼为父，跟那些歪门邪道的人沆瀣一气、同流合污。如果人无耻还不知耻的话，就什么事都有可能干得出来。

人要懂得害怕，知道敬畏，敬畏百姓、敬畏法律、敬畏组织、敬畏舆论、敬畏人生。然而，一些人胆大妄为，抱着各种各样的侥幸心理踩边界、打擦边球，以为只是“天知地知，你知我知”。殊不知“万事劝人休瞒昧，举头三尺有神明”。敬畏敬畏，关键在敬。不敬的畏是假畏，不是发自内心的畏，“畏而不敬”真不了、长不了。敬畏敬畏，重要在畏。只敬不畏充其量只是半个敬，畏是名副其实的敬。对于百姓、法律、组织、舆论以及自己的人生，要始终如履薄冰、如临深渊，有了忐忑之心、感念之情、惧怕之意就不会胡乱来，否则就会跌落到事业的冰窖、人生的深渊。

不知足、不知耻、不知畏意味着败走麦城的起步。

戾气、痞气、匪气是人生餐桌的“地沟油”

戾气，乃暴戾之气。不少人感叹，当下社会戾气太重，恃强凌弱者有之，以大欺小者有之，特别是在互联网上，戾气氤氲，到处是喷子，经常听到骂声一片，打杀声不绝于耳。粗鄙撕咬着斯文，鲁莽冲撞着文明。一些人有话不能好好说、有事不能慢慢来，说话就上火，做事就斗气，信奉“拿拳头说话”“用拳脚摆平”，一言不合便破口大骂，一事不顺便拳脚相加，碰到一点事或一点矛盾便恼羞成怒、气急败坏，像个“炮仗”一点就着。戾气重的人常常心情暴躁，表现得比较残忍，做事行为比较狠，往往是杀气的“亲兄弟”，是冲动的“双胞胎”，常常让事态恶化、事情升级，变得不可收拾。如果一个人成不了心态的主人，则必然会沦为情绪的奴隶。戾气多半源于心态变形，似乎对什么人都不顺眼，对什么事都不顺心，变得愤愤不平。戾气是一股颓废之气、灰暗之气和污浊之气。

戾气重的人，身上沾染上一股子痞气和匪气，像个街头混混，玩世不恭是他们的表情，霸道蛮横是他们的做派，显摆嘚瑟是他们的习惯。痞气，通俗点说就是人们常说的吊儿郎当。有痞气的人说话往往满不在乎，一副无所谓的样子，有时还有一种“坏坏的”感觉。可怕的是，痞气在有的人眼里被看成是一种“酷酷的”味道，甚至还被认为是一种说不清、道不明的魅力。这是一种要不得的错觉。痞气绝不是个好东西，无法带来正能量，一颗阴暗的心永远都托不起一张灿烂的脸。人可以长得酷，但不可以装酷；可以清高，但不可以什么都不在乎、无所谓；可以有个性，甚至长得不好看，但不可以以丑为美。痞气就是在以丑为美、以坏为好。匪气更要不得。匪气不是真正的英雄气，也不是所谓的有血性。匪气是十足的江湖气，它往往带有很强的欺骗性，野性十足，让人不寒而栗。痞气、匪气尽显流氓之气，说到底就是一种邪气。

心不正则身必斜，身不正则影必歪。邪念在心，自然邪乎邪门，做人做事往往会下狠手、出狠招，干出伤天害理的事情来，如此，离出事、衰败和垮台也就不远了。

第三十二诀

成见、偏见、迂见是封闭狭隘的“万花筒”

人有见解是好事，但见解如果是成见、偏见或迂见，则成了坏事。

成见在古代叫成心。《庄子·齐物论》中说：“夫随其成心而师之，谁独且无师乎？奚必知代而自取者有之？愚者与有焉。”在庄子看来，成心这种东西，不只是懂得一点事物交替规律并努力把握它的人会有，一般的人包括愚人也有。“成心，谓人心之所至，便有成见在胸中，牢不可破。”它是一个人对事物所抱有的固定不变的看法，是一种错误的固定思维，具有很强的思维牵引力。应该说，成见也是经验的一种，只不过它是错误的经验。人之所以常常犯错误，问题多半出在“先入为主”的成见上。心怀成见的人，看待人与事就好像戴着一副有色眼镜，失去了本来颜色和面目，结果贻笑大方。据说朱自清在《荷塘月色》中写到夜晚的蝉声，有人写信给他，说蝉在夜间是不会鸣叫的。为此，朱自清请教了昆虫学家，得到的答案是夜间也有蝉声，之后他又亲耳听到过，于是他感叹成见的危害，说："它足以使我们无视新的不同的经验，或加以歪曲的解释。"抱有成见的人往往很固执，也很顽固，而且直接影响着人们对人与事做出客观、公正、合理的认知和判断。有哲人说过："成见是先入为主的观点，包含着个人的偏爱，与担心、欲望、强烈的愿望、骄傲和希望紧密相关。除非我们抛弃成见，否则，我们就会不经研究就认为某人很坏，甚至还永远认为这个人很坏。"所以说，活在成见里是很可怕又很危险的状态，经常使人觉得自己不会有任何问题，只要有问题都是他人有问题。事物是在不断发展的，要抛弃成见，与成见告别，唯一的通途便是怀谦虚之心亲自去探索与实践，在事实面前纠正和改变成见。

如果说，“成见的问题在蒙蔽”，那么，“偏见的问题在偏颇”，偏见是百分之百的错误态度，包括身份偏见、种族偏见、性别偏见、地域偏见等。偏见，往往伴随着傲慢，带来歧视。成见是近视，偏见是短视，而迂见则是一种无视了。迂见是脱离实际、不切实际的谬见，它迂腐落后，陈旧不合时宜，拘泥于过去的行事准则，结果难免被时代所淘汰。

成见、偏见、迂见好比口臭，当它发生在别人身上时，你会感到它的可恶，而当它发生在自己身上时，你却毫无觉察。人得有主见不可有成见、有高见不可有偏见、有灼见不可有迂见，成见、偏见、迂见是自黑的“低级红”。

跟风、跟班、跟跑是人生大厦的“烂尾楼”

人生之路难免要“跟”着走，或跟一阵，或一直跟，但人还是要自己走路和走自己的路，跟着走是为了走得更稳更好。

然而，在跟着走的过程中，到底跟着什么走和怎么跟着走却很值得掂量，也很有些讲究。社会上有许多跟风现象，比如跟风炒股、跟风买房子、跟风选秀、跟风上学、跟风买各种各样的保健品，等等。国人似乎有跟风的习惯，喜欢随大流、刮风起哄，往往人云亦云，随波逐流。有的人是整天跟着感觉走，一半清醒一半醉，经常哄然而起，又哄然而散。表面上看，这是从众心理的一种反映，实则是缺乏主见、自我判断力丧失以及害怕创新的一种表现。领导者和跟风者的区别就在于创新，你的时间和生命有限，不要浪费和消耗在模仿别人这件事上。喜欢跟风的人难免会晕向，今天以为这个正确，明天又会觉得那个有道理，于是不断摇摆，经常出现各种各样的纠结，经常面对各种各样的选择和判断，结果左也不是右也不好，浪费了时间，错过了时机，甚至到最后一事无成。

跟班指的是旧时跟随在官员身边供使唤的人。曾几何时，有的人迷信朝中有人好做官，热衷于进圈子、攀高枝、找靠山、走后门，极尽巴结之能事，大行“认大哥”“拜把子”的江湖之道，成了跟班的“小兄弟”，甘当跟班的“家丁”“仆人”，唯“主子”马首是瞻，等等。毋庸讳言，跟班的人可能在一时一事上会得利，但也因此会摔得很难看。热衷并习惯于跟班的人，“主子”在时是哈巴狗，“主子”不在时是看门狗，“主子”没了时是落水狗。做人还是得有点清高和风骨，“我爱吾师，我更爱真理”，跟理不跟人才是正道、大道。人与人的关系要保持清清爽爽、干干净净、明明白白和规规矩矩，这才是安全之道，才能行稳致远。

跟跑是一个人成长路上的阶段性过程。然而，有的人习惯于一直跟跑，亦步亦趋，不愿、不敢也不会超越，表现得缺乏勇气和胆量，也表现得能力不足、实力不够。马拉松赛场上往往最后跑冠军的有变跟跑为并跑，最后成为领跑的过程。人生如赛场，要成长进步，就得实现从跟跑到并跑再到领跑的超越，如果只是一直跟跑，是跑不出“冠军”的，也是不会有大出息的。

第三十四诀

自高、自大、自夸是朽木搭起的“登云梯”

人在对待自我的问题上，有很多不可有、不可多和不可为的东西，比如说，自贬自损、自轻自贱；又比如说，自负自满、自私自利；还比如说，自怨自艾、自暴自弃；再比如说，自高自大、自吹自擂，等等。有人说，当下是一个彰显自我、张扬个性的时代，人当充满自信，适度地表现自我，这应该说没有什么错，但切不能以尊重自我为由放大自我，以实现自我为幌标榜自我，以崇尚自我为名膨胀自我。人有两件事会被毁掉，即：迷失在别人的评价里和禁锢在自我的思维中。实践证明，有的人无法高飞，就在于把自我看得太重。

从现实来看，自高自大、自卖自夸的人的确不少。比如说，有的人经常把自己看得比别人高明、聪明，总有一种人不如我、自以为是的感觉，于是有的人会常常感叹自己生不逢时，埋怨机会不公、时运不佳；有的人则感叹风气不好，觉得“佼佼者常受抑，平平者常通达”，埋怨身边嫉贤妒能的人太多，感到愤愤不平；还有的感叹“天生我材”没有用，总是怀才不遇，埋怨平台太小、缺乏伯乐。又比如说，有的人把自己看得不可一世，取得一点成绩，好像完全都是“靠自己”，都是自己如何一点一点熬出来的，都是自己流了多少汗、吃了多少苦得来的，与“天时地利人和”没什么关系，充其量有时顶多顺便轻描淡写地感谢一下父母；还有的人经常口出狂言、目中无人、狂妄自大，天上地下唯我独尊，这些都是自高自大自夸的表现。

如果你足够优秀，那就不必肆意卖弄，除非你徒有虚名。自高、自大、自夸的人，眼里只有自我，视野狭窄、胸襟狭小，他们或坐井观天、画地为牢，或徒有虚名，靠自卖自夸来卖弄、掩饰和吹捧，让人反感，也让自己迷失。一个人把自己看得太高，就会被别人看低，人最大的危险莫过于忽视自己的缺点并高估自己的能力。由于总觉得自己这块“金子”没有发光，总感到自己被埋没了，于是不能正确地对待自己和他人，容易产生排斥、委屈等心理，结果会因为觉得自己没有得到正确对待而变得愤愤不平、消极消沉，最终滑入自怨自艾甚至自暴自弃的泥潭。

明末清初思想家顾炎武说：“人之为学，不可自小，又不可自大。”凡是自我吹嘘、自以为是的人，必定会变得飘飘然、昏昏然起来，最后变得面目全非、不可收拾。“虚骄自大者败之媒。”一个人如果顺着自高、自大、自夸的胡同走，就必然会进入杂草丛生的庭院。

小心眼、小伎俩、小家气是人生堤坝的“堰塞湖”

人得有格局、境界和胸怀，这样才能担大任、干大事、成大器。然而，格局是靠境界和胸怀撑大的，现实中一些人常常使小心眼、耍小伎俩、显小家子气，这是撑不大格局的。

小心眼就是气量小、心胸狭隘，当看到他人比自己好时，会眼红、心里不舒服、羡慕嫉妒恨；当碰到事情时，爱斤斤计较，会耿耿于怀、睚眦必报；当遇到问题时，喜欢一根筋，爱认死理，等等。做人要有心眼，不可缺心眼；要有好心眼，不可死心眼，更不可小心眼。心眼小的人，天地大不了，格局大不了。小心眼的人因为心眼针尖那么大，所以很难容言、容事与容人，看人看事也往往从门缝里瞧，往偏激里看，很难与人共事相处。小心眼说到底是把什么都看成是私有的，所以一般都小肚鸡肠，遇事爱往心里去，揪住不放，甚至记恨在心，疑心重重，是个没风度的人。人还是豁达点好，拿得起、放得下，看得透、想得开，而且该忘的忘得了。

小心眼不控制住就会成坏心眼，这样的人常爱玩小伎俩。小伎俩是一种手段和花招，这样的人常常动“小心思”、做“小动作”、打“小算盘”、耍“小聪明”。小伎俩是用来骗人和哄人的。使小伎俩的人玩的都是鸡鸣狗盗的小把戏，有时可能会骗人哄人于一时，得逞于一事，但终归会让人识破戳穿，而一旦被识破戳穿也就鸡飞蛋打，落个聪明反被聪明误。人还是堂堂正正点好，心底多些阳光，搞“阳谋”而不是在背后或私底下或见不得人的地方搞阴谋诡计。

小心眼也好，小伎俩也罢，都是“小儿科”，甚至下三滥上不了台面，也尽显一个人的小家子气。人之可怜之处无非有两条，即：一是求之不得；二是舍之不得。小家子气的人时时处处都舍之不得，尽显可怜之相。“易涨易落山溪水，易反易覆小人心。”小心眼、小伎俩、小家子气说白了就是小人心，这样的人不可交，也不可久交，更不可深交，他们遭人讨厌，到头来只能是众叛亲离、被人嫌弃。

第三十六诀

应景、应时、应命是昙花一现的“信号弹”

在平时的工作、学习和生活中，我们都得面对许多事情，得学会应对各种新情况、新问题和新矛盾，有时得兵来将挡、水来土掩，有时得见招拆招、随机应变。应对考验着智商，应变检验着情商。然而，应对不应该是应付。应对是竭尽全力地付出，是真心实意积极主动地想办法、出对策，而应付则是敷衍了事地走走过场摆摆样子，是偷奸耍滑、消极作为。

在五花八门的应付中，应景、应时和应命是生灵活现的写照。现实中，有些人很喜欢做一些应景的事，什么

“沿江路”“步行街”“大广场”，搞得漂漂亮亮、花里胡哨；什么“马路旁”“入口处”“主席台”，弄得花团锦簇、光鲜照人；什么“节假日”里走访慰问嘘寒问暖，上演“进门、送礼、拍照、走人”四部曲，做得有声有色、像模像样，甚至还出现过坐在树荫里的领导“顶高温慰问”站在烈日下的环卫工人，儿童节里幼儿园的孩子冒雨表演欢迎领导等应景的把戏。应景之作，说白了就是在作秀，纯粹是为了做给人看的，说到底是虚荣心、功利心在作怪。应景之作表面看是亮点，实际上很肤浅，是人为制造出来的泡沫，结果来也匆匆、去也匆匆。

应景往往或为跟风，或为装点，或为浮躁，而无论是哪一种，都注定是一时的，是应时的作品，就像“季节性”果蔬，季节一过就“下市”了。这些应景、应时的事情，又多半不是顺应事物发展的客观规律，而是出于“长官意志”“上面意见”，乃应命而为。听从“上面意见”是重要的，也是必需的，但听从、服从不等于盲从。倘若不管对错好坏、不分青红皂白，唯命是从，甚至明明知道不对还唯唯诺诺，不愿也不敢提出意见，这种“应命”而为的事多半有一天要吃后悔药。世上有两种人可悲且无药可救，一种是不服从命令的人，一种是唯命是从的人。不唯上，不唯书，只唯实，这是唯物论的真谛。

应景、应时、应命既是一种讨好卖乖，又是一种投机取巧；既是一种媚俗，又是一种迎合，做的是表面文章，使的是花拳绣腿。人还是老老实实、扎扎实实做事情好，不图虚名、不贪虚功，少锦上添花、多雪中送炭，少心浮气躁急功近利、多潜心钻研久久为功，不做或少做应景、应时、应命的事情。事实告诉我们，应景、应时、应命的人和事都是“急就章”，不是深思熟虑、文火慢炖出来的，因而也都是短命的，会随即化为美丽的泡影。

少心浮气躁急功近利，多潜心钻研久久为功。

第三十七诀

随便、随意、随心是自由散漫的“集散地”

人是要有约束和规矩的，即便是自由，也是相对的自由，是有约束、有纪律的自由。做人做事得有板有眼、有模有样，丁是丁、卯是卯。

然而，一段时间以来不少人确实随便惯了，随心所欲、随性而为的人随处可见，似乎爱咋咋地、想怎么着就怎么着，一些人是什么话随便说、什么饭随便吃、什么地方随便去、什么东西随便要、什么人随便交，等等，公私不分、是非不论、对错不讲、美丑不辨；有的人则视纪律为羁绊，把规矩当束缚，拿制度当摆设，“牛栏关猫进出自由”，

"天马行空独来独往";有的还美其名曰现在是个性解放的年代,就是应该随性点,干什么都循规蹈矩、太老实会吃亏,于是在一些"小节"上显得很随意,大大咧咧、我行我素,等等。随便的人是不认真、不严肃的,也是不负责任的。这种人说话办事常常不过脑、不走心,往往脱口而出、敷衍而过,倘若把事情交给这样的人去办,不出事才是怪事;而如果听信这种人随随便便说出来的话,不误事也是怪事。随便会给人带来伤害,也给自己带来麻烦。随便的人,只是在"打发"和挥霍自己的人生,最终虚掷光阴。

随便源于内心太过随意。随意就是任凭自己的意愿"横冲直撞"和"拳打脚踢"。人的意愿总是朝着对自己有利和让自己舒服的方向使劲的,然而,世上哪有那么多好事都顺着你、依着你的意愿来。俗话说,没有规矩不成方圆。要么按规矩来,要么破了规矩照你的意愿走,前者平安无事,后者迟早出事。一些人就是在这些问题上处理不好,任由自己内心的意愿天马行空,一再滋长膨胀,最终跌跤摔跟头。

随便、随意、随心是一种十足的任性，这种人目空一切，既太过无所谓，把什么都不当回事，又太过无所畏，对什么都不在乎，结果总有一天会像脱缰的野马跑上不归路。人可以随和，但不可以随便，这叫作没架子但得有样子。人得自律，不可以随心所欲、恣意妄为，随心随意很可能是随心所欲、恣意妄为的开始，势必要为自己的人生付出沉重的代价。

凶横、蛮横、专横是匹夫之勇的“火药桶”

“横”有很多种含义，当它用到人身上时，便是厉害的意思。常听人说，“这个人很横”，或“你真横”，或“他经常耍横”，这其实在表明这个人很可怕。人当然还是不要让人觉得很可怕，可爱永远比可怕好。人应当和蔼，面善心好，有亲和力，有相容性，这样的人有一种温暖的力量，相比之下，那种横眉立目、一脸凶相的人只会让人远之畏之弃之。“横眉冷对千夫指，俯首甘为孺子牛。”鲁迅先生也“横”，但他是对恶人、敌人“横”，而他对普通民众却甘为孺子牛。我们有些人似乎不是这样，有的人对“权贵”堆满笑脸，极尽逢迎之能事，而对百姓颐指气使、飞扬跋扈，吹胡子瞪眼睛的有之；门难进、脸难看、话难说的有之；骂百姓为刁民，“通不通龙卷风”的亦有之。

“贼龛凶横，陵虐具区，阻兵安忍，凭灾怙乱。”凶横是没有修养、缺乏教养的表现，其内心不是善的而是恶的，不是美的而是丑的。凶横之人，既有外在的，又有内在的，也有“内外兼修”的。外在的凶狠龇牙咧嘴、满脸横肉，张牙舞爪、目露凶光，而内在的凶狠则心狠手辣、穷凶极恶。凶神恶煞的人，基本没有好下场，甚至众叛亲离。

蛮横则是既不占理，又不讲理，过去有一句话，叫作“秀才碰上兵，有理说不清”，说的就是碰上了不讲道理的那种蛮横而无可奈何。蛮横的人喜欢刁难和为难人，结果既为难人家，也为难自己。“钱财使人贪婪，美色使人沉溺，名声使人骄傲，权势使人专横。”专横的人表现出说一不二、一手遮天的霸气，习惯搞“一言堂”“家长制”。专横的人是一个以自我为中心的人，很难沟通，也很固执，听不进去别人的意见，独断专行是他的天性，刚愎自用是他的性格。

凶横、蛮横、专横既是人格上的缺陷，又是人品上的缺损，要不得、使不得，一旦沾染上，人生路上没有伴。

第三十九诀

粗鲁、粗俗、粗野是灼伤自我的“雾霾天”

有一种涵养叫斯文，有一种修养叫彬彬有礼，有一种教养叫温文尔雅，这是千百年来积淀下来的一种文化。然而，这种涵养、修养和教养在一些人身上似乎在一点点地流失。

不知从什么时候起，一种粗鄙文化沉渣泛起，甚至在一些人中流行开来。一些人把粗鲁当豪爽，视粗俗为有趣，拿粗野当血性，好像不会说脏话就不是爷们儿，不爆几句粗口、不飚几句狂话，就不足以显示豪放和活力，结果有的人动辄言语爆粗、脏话连篇、斯文扫地；有的人行为鲁莽、“尺度”忒大、举止狂野，尽显匹夫之勇，等等。这种说话直奔“脐下三寸”的现象是当下社会粗鄙文化的直接反映，也是血性观被扭曲的直接投射。

古往今来，粗鲁、粗俗一直是没有文化的一种表现。据说中国古代有一位近乎文盲的皇帝叫张献忠，连下圣旨都是粗话连篇，骂声不断，他曾给在汉中吃了败仗的部下刘进忠下圣旨，告诫其不要轻易发兵。然而那一纸粗鲁到家的圣旨，惹得刘进忠直接带着部队投降了清军，而且后来又帮助清军攻打张献忠。

粗野之可怕在于“野”，好像还没有进化似的，还停留在刀耕火种的野蛮时代。如果说，粗鲁、粗俗是文化缺失的表现，那么粗野则是文明缺失的折射。粗鲁、粗俗和粗野不代表“强悍”，也不意味着“有力量”“有胆儿”，而是做人格调低下和心理猥琐的反映，如果任其流行开来、泛滥起来，将是令人忧虑的精神污染，倘若还有人不以为耻、反以为荣，那更是一种堕落和悲哀。

我们呼唤粗犷，但不意味着拥抱粗鲁；需要通俗，但拒绝粗俗和庸俗；推崇血性，但反感野性。粗鲁、粗俗、粗野是由里到外的一种放纵和放肆，它在伤人的同时，必定还会伤到自己。

蛮干、盲干、乱干是一事无成的“下课铃”

大凡干事，有四种干法。一种叫作有心又有力地干，把工作当事业，甚至当生命，尽心尽力、尽职尽责，有所作为。另一种叫作心有余而力不足地干，虽积极主动、敬业投入，却能力不足、办法不多、本事不大和方法不对，结果无所作为。还有一种叫作力有余而心不足地干，不是一心一意、全心全意地干事，而是半心半意甚至虚情假意地干事，好比“大象屁股推不动”“猴子屁股坐不住”，或者像陀螺一样得抽着转，像算盘子一样得拨着动，出工不出力、坐诊不号脉、挂帅不出征，图个“干点意思意思、不干不够意思、干多没啥意思”，敷衍了事，消极作为。再有一种叫作无心又无力地干，完全在那吃闲饭，做稻草人、成泥菩萨，庸碌无为。后三种就是蛮干、盲干、乱干的表现。

一段时间以来，担当作为成了热议的话题，力不足是蛮干，心不足是盲干，力与心皆不足则是胡干、乱干。人得想干事、能干事和干成事，人生的价值和意义都是干出来的。不干实际上最为愚蠢，一来是一种耻辱，二来是职业道德的失守，三来你不干总会有人干，这样你迟早要被替代、被边缘化。给任务就是给机会，给担子就是给成长，不干事的人生一点意思都没有。不过，有的人也在干，但他是在蛮干，往往不论条件、不讲方法，使的是蛮劲，出的是蛮招，不讲科学、只凭经验，这种蛮干有时或许能偶尔干成一、两件事，但终归干不好事。蛮干是一种硬干和傻干，只会事倍而功半。

也有一种人没有方向，没有目标，抓不住重点，突出不了主要矛盾，整天是眉毛胡子一把抓，鸡毛蒜皮一锅煮，天天都在说忙，而且看似也很忙，实则在瞎忙乎，这就是盲干。甚至，还有的人在乱干、胡干，这种人常常不管对错、不顾好坏、不论是非、不计后果，甚至越边界、踩底线、闯红灯，有的还以“洗碗多难免打碎碗”这种似是而非的谬论为自己找理由、寻开脱。胡乱干有时比蛮干、盲干甚至不干更可怕，它带来的危害和破坏也更大。胡乱干的人身上大多不干不净，有的以干事为幌暗度陈仓，有的以干事为名“既在河边走，又让湿湿鞋”，这种不干净的所谓的干早晚得出事，最终只会前功尽弃，落个白干。

人生像驾车行驶，关键在于握好、把牢和抓紧“方向盘”。这“四十宜”好比“方向盘”，握住把好了、握紧把牢了，则蹄疾步稳、行稳致远。

做人做事做官也有很多“这个可以有”或“这个应该有”,甚至“这个必须有”的东西,拥有了这些就等于有了护身符、铁布衫和防火墙,病菌难侵、病毒难袭,就意味着能够不摔倒、不跌跤。做人做事做官是有规律可循的,这个规律就是里面有很多道道,其中有大道、正道,也有歪道、邪道,这就需要经常去悟、不断去悟、深入地悟,直至悟深悟透,悟出真谛来,再沿着大道、正道走,绕过歪道、邪道行。前面“四十忌”所言皆为歪道、邪道或旁门左道,不可为、不可走;以下的这“四十宜”,则是阳光大道和布满鲜花的正道,可以大行其道。人生就像驾车行驶,关键在于握好、把牢和抓紧“方向盘”。这“四十宜”好比“方向盘”,握住把好了、握紧把牢了,则蹄疾步稳、行稳致远。做人做事做官,其实是在做一道道题,无论是选择题,抑或是问答题,都是每个人不可回避和无法绕开的人生大课题,都活生生地摆在大家面前,需要各自用心破题,用力解题,寻找答案,为自己的人生交一份满意的答卷。

信仰、信念、信心是安身立命的“压舱石”

人无信仰没有精神，人无信念没有力量，人无信心没有希望。信仰和信念好比人身上的钙，缺钙就会得“软骨病”，就站不稳、立不住、走不动。

英国诗人雪莱说，信仰是一种感情，这种感情的力量，就同其他各种感情一样，恰好同激动的程度成正比。德国哲学家黑格尔说过：信仰是完全属于一个人自己的内在的确定性。信仰的特点就是完全自觉自愿、不讲条件地相信。人总得在内心里相信些什么，给自己一个活下去和努力奋斗的理由，从而赋予自己人生的希望和向上的力量。一个有信仰的人,不管成不成功,至少不会迷茫和困惑,心中有信仰,脚下有力量。有一个画面和情景是颇为打动人心的:雪山下,经幡飘动,一个个虔诚的行者一步一叩头、一步一匍匐。很多人对这种执着不解,然而,正是这种近乎苦行僧般的“信仰”,让朝圣者充实和幸福。信仰、信念就是这么有味道、有力量,让人着迷忘我。第一个把《共产党宣言》翻译成中文的陈望道,被真理所吸引,完全沉浸其中,一次母亲为他准备了一碟红糖沾粽子吃,三番五次在门外问儿子红糖够不够吃,每次问时儿子都说够甜了够甜了,当母亲进屋为儿子收拾碗筷时,发现儿子竟然是蘸着墨汁吃完了粽子。这就是信仰的味道、信仰的力量。当一个人怀揣信仰、信念时,即使看不到希望,即使看不到未来,也相信自己的选择不会错,自己的未来不会错,自己的梦想不会错。对自己心中的信仰、信念,就要像做“大拜”、吃“粽子”一样,虔诚、执着,充满激情,让信仰信念成为自己始终不变的人生追求、永不荒芜的精神家园。有信仰信念的人经得起任何狂风暴雨。

人，要有信仰、信念，还要有信心。爱尔兰剧作家萧伯纳说："有信心的人，可以化渺小为伟大，化平庸为神奇。"信心莫过于相信自己、相信真理、相信未来。我们对自己抱有的信心，将使别人对我们萌生信心的绿芽。只有先相信自己，别人才会相信你，一个连自己都没信心的人，谈何让别人对你有信心？别人看不起你，很悲哀；自己看不起自己，更悲哀。相信真理，心中就有一片阳光，真理能驱散迷失者眼前的阴影。相信未来，才会充满希望和憧憬，未来是从信心起步出发的。信心源自内心的一种自信，曾任美国总统的威尔逊说："要有自信，然后全力以赴，假如具有这种观念，任何事情十之八九都能成功。"信心十足的人有一种坚强的意志力，能够咬定目标、咬紧牙关，始终不分心、不走神，排除万难去赢得成功。有了信心，看似"不可能完成的任务"就有了完成的基础和保证。正如有人比喻的：信心是又弱又细的线，很容易拉断，但在灰心的时候，它也能将你抛向高空，使你重获生机。

草活一世为装点大地，烘托生机；人活一世为心中信仰，实现价值。大凡信仰、信念、信心执着坚定者，皆有超常之定力，人生之舟有了“压舱石”便可乘风破浪、勇往直前。

世界观、人生观、价值观是相伴一生的“总开关”

世界观、人生观、价值观乃观世界、观人生、观价值，它是一个人对世间万物、人生目标、价值取向的立场、观点、态度和看法的总和。

什么样的世界观、人生观和价值观决定着做人做事乃至做官的立场、态度和方法，甚至包括感情，它好比是“总开关”，具有决定性作用。比如，人为什么而活着？人的一生该怎样度过？这个问题折射出最深刻的世界观、人生观、价值观。《钢铁是怎样炼成的》作者奥斯特洛夫斯基有句耳熟能详的名言：“人，最宝贵的是生命。生命属于人只有一次。人的一生应当这样度过：当回忆往事的时候，他不会因为虚度年华而悔恨，也不会因为碌碌无为而羞愧；在临死的时候，他能够说：我的整个生命和全部精力，都献给了世界上最壮丽的事业——为人类的解放而斗争。”这是典型的人生观、价值观表述，满满的正能量。也许一些人没有那么高的境界和追求，这不要紧，其实只要立志去做一个对社会有价值的人，只要心怀真善美，去做给这个社会传递正能量、传播好声音的人，只要是“一个高尚的人，一个纯粹的人，一个有道德的人，一个脱离了低级趣味的人，一个有益于人民的人”，就是一个把好了“总开关”的人。

然而，现实中一些人的世界观、人生观、价值观里有不少杂质，甚至充斥着各种各样的个人主义、利己主义和享乐主义，有的推崇“人不为己，天诛地灭”；有的奉行“人生苦短、及时行乐”；有的迷恋“金钱万能，有钱能使鬼推磨”，相信“人为财死，鸟为食亡”，等等。不同的世界观、人生观和价值观，衬托出不一样的格局和境界，是小我还是大我、是崇高还是卑琐、是高大还是渺小、是清澈还是混沌，泾渭分明、高低立显。大量正反两方面的事实告诉我们，但凡出事或有问题的人，都是从这“三观”产生病变开始的，缺口一旦打开，各种细菌就会侵入，在思想的温床上滋生蔓延，然后使人的肌体产生腐化。

世界观、人生观、价值观绝不是空泛的大道理，不是虚幻的东西，而是实实在在、如影相随、相伴一生的东西。只要是个活着的人，只要你有思想，你就受到各种世界观、人生观和价值观的支配和左右，谁也逃脱不了，谁也避免不了。只有树立正确的世界观、人生观和价值观，才会使人对客观事物产生正确的立场观点和思想方法，才能使人确立正确的人生目标和价值追求，才会做人有大是非、做事有大方向、做官有大原则。所以，在改造好客观世界的同时，改造好主观世界，树立正确的世界观、人生观、价值观是伴随一生的大课题。

第四十三诀

责任感、使命感、紧迫感是干多干少的“动力源”

做事情、干工作，责任心、责任感至关重要。人的一生得扮演各种各样的角色，自然也就承担各种各样的责任，大到社会的、国家的和民族的，小到家庭的、工作的和朋友的，责任无处不在、无时不有。

责任既是一种素质，又是一种品质。我国相声大师侯宝林，在“文化大革命”期间受到冲击，被分配扫厕所，但他依然整天乐呵呵地将厕所打扫得干干净净，当儿子不解地问他为什么这样做时，侯宝林说：“既然分配我扫厕所，那么这就是我的新工作，我就必须要做，还要做得比别人都好。”如果说干工作能力很重要的话，那么责任心比能力更为重要。微软创始人比尔·盖茨说：“人可以不伟大，但不可以没有责任心。”大连市有位普通的巴士司机，开车途中心脏病突发，然而在生命的最后一分钟里，他做了三件事：把车缓缓停在路边，用最后的力气提起手动车闸；把车门打开，让乘客安全地下车；将发动机熄火，确保车辆与乘客的安全。做完这三件事，他趴在方向盘上停止了呼吸。这就是责任。

责任既是一种担当，又是一种使命。事情面前能够“顶”得起、挺得住，能够站得出来、豁得出去，对待事情不推不拖、不折不扣。责任感哪里来？来自对所从事工作意义和价值的认识。认识上去了，就会内生出一种“要我干”为“我要干”的自觉，就会有“坐不住”“闲不下”的紧迫感，就会全身心地投入，会急着干、争着干，就会时时刻刻“脑中有事、眼里有活”，甚至会寝食不安、废寝忘食。每一个不曾起舞的日子，都是对生命的辜负，只争朝夕便是让我们的生命翩翩起舞。责任是“驱动器”，是“动力源”，始终把使命牢记心中，把责任举过头顶，把只争朝夕的紧迫感扛在肩上，就会一丝不苟、精益求精地把工作做好、做精、做实、做周全。

“坐不住”的是责任感，“闲不下”的是使命感，而“等不起”“慢不得”的是紧迫感，这“三感”是做工作、干事业不可或缺的精神状态。

每一个不曾起舞的日子，都是对生命的辜负，只争朝夕便是让我们的生命翩翩起舞。

第四十四诀

事业、职业、副业是干好干坏的“分水岭”

人该如何对待工作？有三种态度：有的把它当成事业，甚至视为生命，敬畏肩上的担子，有一种很强的责任感、使命感；有的把它仅仅当成一种职业，上班是为了养家糊口，为了“稻粱谋”，是谋生的手段和方式；更有甚者把它当作副业，成了第二职业，打自己的“小九九”，忙自己的“小生意”，种自己的“自留地”。

态度反映境界，态度决定状态。把工作当成一种事业的人，不是为工作而工作，而是通过努力工作实现理想抱负和人生价值。这种工作态度，变“要我干”为“我要干”，有饱满的工作热情和旺盛的工作激情，以苦为乐、甘于奉献，有强烈的事业心和责任感、使命感。如果你爱自己的工作，它就会成为你的生命；如果你恨自己的工作，它就会要了你的生命。

把工作当成一种职业的人，则完全是为工作而工作，工作是为了养家糊口，上班是为了“稻粱谋”，他们往往是做一天和尚撞一天钟，像算盘子一样拨一下动一下，甚至像陀螺得拿鞭子抽着才动，只求“过得去”、不求“过得硬”，只求“无过”、不求“有功”，只求“了”、不求“好”，在他们眼里工作只是谋生之道、安身之术、立命之所，于是乎工作上难有大起色、大作为。

把工作当成一种副业的人，工作仅仅是一个招牌、一个幌子，他们心不在焉，慵懒散漫、敷衍了事，要么不作为，要么乱作为，把心思和精力都放在本职工作之外，公事“磨洋工”、私事“打冲锋”，有的甚至利用公职、公权揽私活、谋私利。

态度折射品质，态度影响成效。三种不同的态度，折射出不同的人生观、价值观和事业观，也决定了一个人到底干多干少、干好干坏。大凡有大作为者都视工作为事业，甚至视工作胜过生命，他们的人生也因事业有成而精彩纷呈，富有意义和价值；而大凡平淡无为者多为工作而工作，结果工作完了，人生也就到头了，退休便褪了色，退位便失了志；至于那些把工作当副业的，不但会因为“不务正业”而砸了“饭碗”，而且常常会为了一己私利而误入歧途。“取法乎上，仅得其中；取法乎中，故为其下。”究竟是把工作当成事业，还是权当职业，甚至只当副业，检验并影响和决定着一个人的人生价值、生命质量。

一个人，志向要远些，目标要近些。有志者有为，有为者在于把工作当作一种事业来追求、创造和实现，让工作成为自己割舍不下的一份牵挂，让事业成为人生风景中最绚丽的云彩。

生命,是自己的画板,不要依赖别人着色。

第四十五诀

立德、立功、立言是成功人生的“三部曲”

先贤提出人生有“三不朽”：立德、立功、立言。古往今来，修行品德、建功立业、著书立说，是一代代读书人的一种精神追求和理想境界。“立德，谓创制垂法，博施济众；立功，谓拯厄除难，功济于时；立言，谓言得其要，理足可传。”

立德始终是立功、立言的前提和基础，说到底人要宽厚诚实、仁义慈爱，说白了就是做一个真善美的好人。人们对崇高品德的向往和追求是一致的，都推崇以德服人、厚德载物，这是做人的第一要义。古往今来，关于“德”的格言浩如烟海，尽管“德”的内涵有不同的侧重点，但人们对“德”的崇尚、追求和取向，从来没有淡化过、间断过和改变过。老子在《道德经》中叮嘱世人做一天人就要讲一天德。人不可一日无德，立德修身永远在路上。综观芸芸众生，有德无才谓之庸，有才无德谓之韧，德才兼备谓之贤。孔子曰："芝兰生于幽林，不以无人而不芳；君子修道立德，不为穷困而改节。”特别是，为官从政者更要以德为先、以德为重和以德为生，把立德作为必修课、护身符。“为政以德，譬如北辰，居其所而众星拱之。”人何以立德？一句话，就是要经常去“吾日三省吾身”，以人为镜，修养自成。

追求事业有成，是人生在世的一种价值体现，人未必都去干惊天动地、轰轰烈烈的大事，但只要把一件事干到底、干出成绩来，干一件成一件，就是实实在在地建功立业。为国为民建功立业是生命的升华。千百年来，什么样的功业才“不朽”？只有那些建立在人心上的功业才真正有生命力、可持续，它既经得起“现在看”，又经得起“回头看”，还经得起“往前看”。“有的人，把名字刻入石头想‘不朽’。”“把名字刻入石头的，名字比尸首烂得更早。”“有的人，他活着为了多数人更好地活着。”“给人民做牛马的，人民永远记住他！”功过自在人心，最大的功业是得人心。

立言，则是以自己的思想言论来影响人、教育人，把自己脑袋里的东西装进别人脑袋。立言未必著作等身，只要是传播正能量的思想、有真知灼见的言论，即便是家教、家训，就是在为天地“立心”。

立德、立功、立言，哪怕实现其中的一个，也能让生命大放异彩。

勇气、锐气、朝气是干事创业的“发动机”

人得有一股子气、一股子劲。从干事创业角度而言，特别需要一往无前的勇气、一马当先的锐气和一以贯之的朝气，“三气”兼备、“三气”俱佳则能开拓新视野、升华大格局、走进新天地。

勇气是自信和胆识的折射，有勇气的人总是抱着改变现有、突破现状的愿望。人的成功常常是被沉淀于内心的太多不可能禁锢着、捆绑着和束缚着，如果多一点冲破的想法、突破的办法，则往往变不可能为可能、变可能为现实。人生最大的武器是“豁出去的决心”。梦想与成功之间相距的只是跨越的勇气，很多人之所以没有成功，并不是因为缺少智慧，而是因为患得患失，缺少做下去的勇气；并不是能力不足，往往是勇气不够。虽然历经失败，但是从不丧失热情，乃勇气也。等待有把握时再去做一件事，往往意味着永远的等待。人最先衰老的不是容颜，而是一往无前的勇气。真正的勇气是做出决定，坚决捍卫，全力以赴；真正的勇气还在于敢于承认、敢于面对、敢于担当；真正的勇气并不是没有绝望，相反，它是一种尽管有绝望，却依然能够奋勇前行的能力。

人要有锐气，没有锐气就没有生命力，年轻人生命力旺盛，自然有一种锐气，但锐气并非年轻人的专利，人要成功都应当保持一种势不可当的锐气，敢于争先、抢先。锐气可扬不可挫、可鼓不可泄。

“空濛朝气合，窈窕夕阳开。”朝气如喷薄而出、冉冉升起的朝阳，人初始时容易有朝气，“好像早上八九点钟的太阳”，天长日久则容易日渐式微、暮气沉沉。人可以老成持重，却不可以老气横秋，秘诀就在于能否永葆朝气。

事业恰似雪球，必须勇敢地、坚持不懈地往前推，倘若中途停下，便会立刻融化消失。干事创业有了勇气、锐气和朝气，便能一往无前、一马当先和一以贯之。

第四十七诀

自信、自立、自强是乘风破浪的“定海针”

人，贵在自信，重在自信。“自信人生二百年，会当水击三千里。”这是青年毛泽东的诗句，展现了挑战人生极限、成就一番大业的凌云壮志。

相信自我是成功的基石，完善自我是成功的阶梯。在人生的航程中，自信是人生的风帆，是一种力量，是“成功的第一秘诀”。自信是一种心态，也是一种状态；自信是一种气质，也是一种品质。梁启超说：“自信者常沉着。”自信的人总是信心满满、意气风发又从容不迫，说话时底气十足、做事时劲头十足、相处时轻松自如、拍板时果断坚毅，即使遇到棘手的问题或面临困境，也能够举重若轻、收放自如。自信的人就像茶壶，屁股都被烧红了还有心情吹口哨。自信的人并非不犯错，而是不害怕犯错，因为即便犯错，自信的人也有信心改正过来。“欲人勿疑，必先自信。”人生只要扬起自信的风帆，就能乘风破浪，一往无前。自信是成功的起步，自信通往成功，又在成功中增添新的自信。

人，难在自信，赢在自信，不是什么人都自信满满、百折不挠的。人的自信从哪里来，怎么来？不是自己吹出来的，也不是装出来的，更不是人家夸出来的。自信是建立在一种正确的自我认知基础上的，是实力、底气和良好心态的一种外在表现。自信说到底，一是从实践锻炼中来，二是从学习思考中来。实践既出真知，又出自信。长期的实践锻炼、丰富的阅历，让人见多识广；不断地摸爬滚打、身经百战，让人百炼成钢。“接地气”的人往往有更多底气，有了底气也就有了自信。过的桥比人家走的路都多了，自然能遇事不慌、处变不惊。

自信的人往往自立、自主、自强。人当自立，自立就是自己的事情自己干，自己成为自己的主人。不要做别人的备胎，要把握自己的方向盘；你的生活应该由自己掌勺，酸甜苦辣全靠你自己调控；生活不是电影，不要在别人写好的剧本里去演绎自己的人生；当你有能力书写自己人生故事的时候，不要把笔交给别人；生命，是自己的画板，不要依赖别人着色，等等，这样的人生才是自立自主的人生。俗话说，即便是你的影子也会在黑暗中离开你。所以，有时的确是靠人不如靠己，求人不如求己，那种"衣来伸手，饭来张口"的人到头来只会很凄凉。"自立人生少年始。"从小就学会自立，养成各种好习惯。自立是罗盘，为攀登者指引方向；自立是劲风，给远航之船以不竭动力。

"天行健，君子以自强不息。""笃行信道，自强不息。"春秋时期著名思想家屈原，在自己处于极端困难的情形下，呐喊出"惩违改忿兮，抑心而自强"，他应该是最早提出自强思想的。《礼记》中也讲道："知困，然后能自强也。"

自强既是一种品德，也是一种品质；自强既是一种信念，也是一种境界，它展现出精神之美，盛开出精神之花。自强常常表现出在困难面前不低头、不丧气，遇到挫折不气馁、不屈服。历史上多少仁人志士，自强是他们共同的标签和名片。“自强者，人畏我，我不畏人。”

人生中很多阴影的出现，是因为我们自己遮住了阳光。一个人无论去哪儿、什么天气，都记得带上自己和阳光，自信、自立、自强便是自己和阳光。

第四十八诀

能力、动力、定力是站稳走好的“支撑点”

能力是干事的基础，决定你“能或不能做什么”；动力是干事的条件，决定你“想或不想做什么”；定力是干事的保证，决定你“敢或不敢做什么”，三者具备则决定你“做成什么”。

提升能力永远在路上，它是个持续不断的过程，今天有能力不等于明天有能力，在这件事上有本事不意味着在其他事情上有能耐。面对日新月异的时代发展、社会变化，面对知识爆炸、信息井喷的形势，要学的东西很多，要提升的能力很多，可以说，本领危机、本领恐慌过去有、现在有，将来仍然会时不时冒出来，常常让很多人捉襟见肘，时时感到心有余而力不足。本事是一个人的本钱所在，安身立命最终得靠本事吃饭、拿本事说话。“火车不是推的，牛皮不是吹的”，再美好的理想、再美丽的愿景，都得靠真才实学、靠真本事大本事去实现。内强素质，练就一身硬功夫，任何时候都始终是硬道理。

动力是人的一种精气神，它来源于对事业或本职工作的兴趣、钟情和热爱，来源于对信念的执着和坚定，来源于内心深处强烈的事业心、责任感和使命感。应该说，激情点燃易，保持难；一时一事易，持之以恒难，让动力“保鲜”难能可贵。动力有内生动力和外生动力两种。外在的压力增加时，就应该增加内在的动力。人有了动力，则如同上足了的发条，劲头十足、精力充沛。

定力是“定海神针”，不分心、不走神，不为七情六欲所惑，不被私心杂念所扰，不因个人得失所烦，也不受外界各种杂音噪音所绊，这便是定力。在纷繁复杂、眼花缭乱的世俗社会里，始终保持内心那份清醒和自觉，恪守内心那份从容和淡定，永葆内心那份执着和坚定，不忘初心、不变初衷，这就是最为可贵的定力。保持定力，得有大方向、大目标、大追求和大格局，唯此，才能够挡得住诱惑、耐得住寂寞、守得住清贫、稳得住心神、坐得住"冷板凳"，不被忽悠、不被糊弄、不被捧杀和棒杀，能够气定神闲，能够避免掉入陷阱，跳出居心不良、心怀叵测者设的局和下的套，能够"任凭风浪起，稳坐钓鱼船"。

本领不强会被笑死，办法不多会被急死，劲头不足会被骂死，品行不正会被搞死。有能力没动力，能力打折扣；有能力有动力，而没有定力一切全白费。这三者好比"三足"可以鼎立，让人立得住、站得稳、干得好、走得远。

能干、能处、能忍是行稳致远的“大阶梯”

从很多人的成长经历看，有本事很能干、善团结好相处、懂修为忍得住，乃前行路上的三道门和三道坎，跨过去了就别有洞天，绊住了就会栽倒摔跤。能干是一种素质，能处是一种境界，而能忍则是一种修炼。

人首先要能干事，不能干事无济于事，特别是各种矛盾、问题和困难层出不穷，挑战、风险和考验不断涌现，“后备箱”里没有“几把刷子”是不行的，任何人都要时常有“本领恐慌”“能力危机”意识，经常去补短板、强软肋、盖死角、扫盲区，打造自己的“复合型”能力。然而，能力又像一张支票，如果不把它兑现则毫无价值。提升能力在于学习和实践，不断地学习，不断地实践，学中干、干中学，逐渐就会能干起来。

有一种人，工作上呱呱叫、很能干，但因为个性强、太自负，往往自以为是，结果是“不合群”“难搭伙”，此谓“能干”不“能处”。个人能力再强，也很难一个人完成所有的工作；成就一番事业，必然是大家齐心协力、相互补缺的结果，正所谓“众人拾柴火焰高”“三个臭皮匠顶个诸葛亮”。人多是力量，心齐是更大的力量。能处的最高境界是心在一起，心更齐、更齐心。能处的“钥匙”在于能否宽容、包容和理解、信任。世界再大，大不过包容的心，宽容、包容才能融合、融洽、融入。如果说，生活的最高境界是宽容的话，那么，相处的最高境界是内心的尊重。相处的最好状态，不是无话不说而是无话可以不说。

还有一种人，既能干，也能处，但遇到一点委屈、不公、误解往往就受不了、熬不住，便四处找人“要说法”，讨价还价“闹情绪”，生气赌气“撂担子”，此谓不能忍。因为不能忍而使自己跌倒在成功前的“一米线”上，半途而废、遗憾“出局”，这样的人与事未免令人惋惜、让人唏嘘。一个人的成长道路，不可能永远一帆风顺，也不可能一直便宜占尽、好处得尽、好事捞尽，面对不尽如人意的地方和时候，碰到哑巴吃黄连有苦难言的种种憋屈、窝火的人与事，遇到种种难以名状的挫折和失败，怎么办？“放得下、看得透、想得通、跳得出”，这便是忍的胸怀。能忍取决于能否看长远、想大局，能否站得高、看得远，唯“风物长宜放眼量”，才沉得住气、吃得了亏、受得了罪。一个输不起的人，必定是一个赢不了的人；一个不能忍的人，必定是一个没有大目标的人。试想，当年韩信如果没有“鸿鹄之志”在支撑，能强忍“胯下之辱”吗？“事不三思总有败，人能百忍自无忧。”能忍，再沉闷的日子也有内心里的一米阳光，再艰难的岁月也只不过是头顶上的一片浮云。

人的胸怀有时是委屈撑大的，境界有时是憋屈垫高的。成功的关键，就在于干人所不能干、处人所不能处、忍人所不能忍。能干、能处、能忍，人生之路多坦途，事业之帆多风顺。

想法、说法、办法是能力高低的“三级跳”

“想法”即对某一个问题或某一件事情有了看法，是一种思想、认知及观点；“说法”即用语言把心中的想法表达出来；而“办法”则是对于解决某个问题或做好某件事情用什么手段、方法和措施。一个人的能力水平，可以说有两次飞跃，一次是把心里的想法变成说法，另一次是把口中的说法变成实际办法。

人人皆有想法，只不过成熟不成熟而已，然而要把想法说出来，而且“说清楚、讲明白”，让人“听得进、记得住、用得上”，不至于一只耳朵进一只耳朵出，则大不一样。

现实中，不是谁都能“说清楚、讲明白”的，有的人是“酒壶里装饺子”，心里有数却说不出；有的人是脑子里想的时候“一团火”，一旦说或写的时候却“一团糟”，结结巴巴、吞吞吐吐、言不由衷，结果干着急；有的人则生活在自己的话语空间里，自说自话、自弹自唱；有的人因为怕说错话而总是“口欲言而嗫嚅，足将进而趔趄”，只会说好话、好说话、不说话；还有的人习惯于说老话、空话、套话、虚话，甚至于假话、谎话、忽悠人的话，无法交流、无法沟通，结果话不投机半句多，等等。说不清、道不明，让说者昏昏、听者晕晕，无法正确地表达自己，说服他人。能把话说到人心坎上去，打动人、温暖人、感染人，让人信服、佩服，那叫真本事、硬功夫。

相对而言，有想法易，善说法难，而拿办法则更难。不少人想法十分美好，说法有时也“头头是道”，可一旦要拿办法时，却捉襟见肘、苦无良策，特别是遇到一些“急难险重”的突发性事件时，更是惊慌失措、乱成一团，碰到一些“老大难”的矛盾和困难时，缺乏爬坡过坎、攻城略地的办法，甚至一筹莫展。有想法、说法却没办法，说到底就是没有行动力，有的甚至是“言语的巨人，行动的矮子”，这样的人就是个跛脚鸭，根本无法行稳致远。世界上最远的距离就是知道和做到的距离。如果说能够把一个个想法、说法变成一个个具体的行动和办法，付之于行、见之于效，那便是大本事、大智慧了。而每个人的能力高低就在于其中的差别，看你到底处于哪一级跳上。

人没想法会被笑死，有想法而没说法会被憋死，有想法、也有说法却没办法则会被急死甚至骂死。面对问题，别无选择，因为如果有本事找到逃避问题的办法，其实也就有本事找到解决问题的办法，所以，拿出办法是硬道理、真功夫。

面对问题，别无选择，因为如果有本事找到逃避问题的办法，其实也就有本事找到解决问题的办法。

学识、见识、胆识是成大器者的“好法宝”

学识指的是一个人的学问知识，是一个人的知识量，学历往往是它的一个标签和标识。人应当有一定的学识，即便是草根却不可以草包，而要避免成为草包，就得努力学习，掌握知识。学识学识，只有学习了才有知识，知识永远是学来的，而人的文化则是修来的。知识未必能改变命运，但可以给你改变命运的机会，而学识则可以改变你的人生。人未必都能做到学富五车、才高八斗、学识渊博，但一定要去追求做一个有学识的人。“胸藏文墨虚若谷，腹有诗书气自华”，有学识就有气度和高度，也有深度和厚度，就呈现出一种文雅、儒雅、优雅和高雅的气质，就是一个有修养、涵养和教养的人。人的外貌只是让别人认识你，而人的内涵则可以让别人记住你。

见识是一个人的经历，是一种经验的积累，一种胸襟和眼界。有见识的人，是一个生动有趣的人，世界上最尴尬的人，是那些见识太少却又想得太多的人。见识怎么来？就是要多读一些经典的书籍，多看一些优秀的影视戏剧作品，多参加一些有意义的社交活动，多参观一些名胜古迹，多交往一些有丰富阅历的人，多参加一些社会实践。有学识没见识，容易孤芳自赏、刚愎自用，会坐井观天，乃至夜郎自大。困难，就是困在家里万事难；出路，就是出去走走就有路，所见所闻会改变一生，不知不觉则葬送一生。一个人要么读书，要么旅行，灵魂和身体总得有一个在路上。相比而言，如果不读书，行万里路只不过是个流浪者而已。

胆识就是胆略和气魄，有胆识便有勇有谋，胆识是学识和见识的体现。学识、见识、胆识集合成一个人的文化。什么是文化？鲁迅先生说，文化是深入人骨髓里的东西。人是文化的载体，文化自信说到底是人的自信。有了学识、见识、胆识，而且“三识”俱佳就是一个真正有文化的人，就具备了创大业、成大器的好法宝。

第五十二诀

知足、知不足、不知足是人生航程的“校正仪”

做官知足、做人知不足、做事不知足，是做官做人做事的正确价值取向，只有这样才会不折腾、不陶醉、不停步，才会真正拿到实现人生价值的“金钥匙”。

做官知足，既是一种清醒，更是一种心态。现在有一些人热衷于做官、痴迷于做官、陶醉于做官，“官瘾”十足。有的精心设计自己的当官路线图，步步为营、“小步快跑”；有的看到他人特别是与自己条件相当的人提拔了，就眼红心热、坐立不安；还有的板凳都还没有坐热，就急于“走人”，甚至伸手跑官要官，人们为其画像：两年不提拔，心里有想法；三年不挪动，就想去活动。做官好比开车，欲望是油门，知足是刹车，油门和刹车控制得当，汽车才能开得平稳，走得长远。做官知足，得端正“官念”、淡化“官欲”，而且有一个合理的参照坐标。人生的追求，重要的是活得比以前好，不是活得比别人好，否则就会因为“一山看着一山高”而折腾、焦虑，甚至失落、郁闷。

做人知不足，这既是一种自律，更是一种自觉。人生在世，说到底得凭做人而安身立命。做人知不足，就是要以“吾日三省吾身”的精神和自觉，常常以人为镜，照差距；以事为例，看不足；以己为训，查过错。金无足赤，人无完人，问题的关键在于是不是“看得清”、敢面对，是不是“改得了”、能战胜。人不怕有过错、有不足，就怕错过了知错纠错、知不足改不足的机会。做人知不足，才会不断自我完善、自我修正。

做事不知足，这既是一种责任，更是一种精神。以一种强烈的事业心和责任感，奋发有为、积极进取的精神状态，带着责任、带着感情，扑下身子去干事。能取得成功的人，未必是占据了最好的位置，但一定是用心把事情做到最后、做到最好的人。

知足者乐，知不足者勇，不知足者进，倘若做官知足、做人知不足、做事不知足，便走出了自我小天地，走进了人生大舞台，就会找到了人生定位、找准了人生方位。

人生的追求，重要的是活得比以前好，不是活得比别人好，否则就会因为“一山看着一山高”而折腾、焦虑，甚至失落、郁闷。

第五十三诀

可为、可不为、不可为是事遂心愿的“三把火”

为官从政，都自然会思考“干什么”“怎么干”，谋划自己的“三把火”。这“火”该烧什么、怎么烧，哪些事情可为、可不为或不可为，都应该想清楚、弄明白。做对的事情，比把事情做对更重要。

管理学上有个著名的三圈理论，它构建了“价值”“能力”和“支持”三要素分析框架，三要素分别代表三个圈，三圈全部重叠的那部分，属于既有价值又有能力，并且能得到各方面支持的事，这样的事可为；只有两圈重叠的那部分，则可不为，或可以暂时不为；而三圈根本不交叉重叠的那部分，则属于不可为的事。

可为之事当全力去做，这是一种责任和担当。在千头万绪、纷繁复杂的事情当中，哪些事是可为之事？要干事，就得全力去干那些既有意义，又有能力，并且得到大家支持拥护的事。没有意义的事不必做，没能力办到的事无法做，得不到大家支持的事做不成，这三个要素都具备了的事才真正可为。

可不为之事当量力去做，这是一种清醒和自觉。孟子有句名言："人有不为也，而后可以有为。"范晔在《后汉书》中说："然则有所不为，亦将有所必为者矣。"世上之事，当有所为有所不为，而不为或一时不为并非不能为，实乃一时的条件不成熟、不具备，倘若硬着头皮勉强为之，则必定事与愿违或事倍功半。做事情，不能只凭一腔热血，或只是一厢情愿，有时候，有些事情条件不具备、不成熟和不到位时，不妨暂且缓一缓，不可操之过急，有时"慢下来"也不失为一种良策。要"跳起来摘桃子"，既尽力而为，又量力而行。

不可为之事当坚决不做，这是一种意志和定力。没价值去做、无能力去办、大家又不支持去干，这“三者”都沾边的事自然不可为。对于不可为之事，重要的是有正确的价值观、名利观和政绩观，学会算大账而不是一味算小账、看长远而不是一味看眼前、装着大家而不是一味装着自我，这样，心里头才会亮堂，才不会不可为而为之。

为官从政，对自己要做的事情，要心里有谱、胸中有数，想清楚、弄明白哪些事可为，哪些事可不为，哪些事不可为。可为之事全力做、可不为之事量力做、不可为之事决不做，这是难能可贵的一种清醒和自觉。

可为之事全力做、可不为之事量力做、不可为之事决不做，这是难能可贵的一种清醒和自觉。

第五十四诀

眼力、魄力、毅力是实现梦想的“硬翅膀”

眼力，是一个人分析、观察、思考问题的眼光和视角。眼力实际上也就是眼光，它是对未来的一种预测能力。未发生的能预测得到，隐藏的能发现得了，靠的就是眼力。人与人之间最大的差距不是在视力上，而是在视野上。通常我们说，眼睛能看到的地方需要视力，眼睛看不到的地方需要眼力，能不能独具慧眼，能不能入木三分，能不能见微知著，就看眼力是否犀利、敏锐和独到。“涉浅水者见虾，其颇深者察鱼鳖，其尤甚者观蛟龙。”当谬误与真理千缠百结，当诡谲与事实纵横交错，当现象与本质扑朔迷离时，是否具备慧眼则拉开人与人之间高低深浅的距离，眼力强者使自己心明眼亮，不迷惑、不茫然、不平庸，能够鹤立鸡群、高人一等。然而，看到了事物本质及其规律，还得有果敢的魄力和坚韧的毅力去实现。

魄力是什么？既是一种决断力，也是一种人格魅力，表现为处理事情、解决问题时的胆识和果断作风。但凡有魄力的人，都有一种气势和气场；但凡有魄力的人，都有自信和主见。现实中，我们可以看到有的人总是“软绵绵”，容易让人搓圆捏扁；有的人总是犹豫不决、优柔寡断、拖泥带水，迟疑呆滞是他的表情，左顾右盼是他的神态。有了魄力就能牢牢捉住稍纵即逝的机遇，抢占制高点，机遇就像闪电，只有快速果断才能将它捕捉住。能抓住面前机会的人，十有八九都会成功。

毅力也叫意志力，它是一种恒心、一种坚持和一种韧劲，是那种能够“一如既往、一以贯之、一抓到底”的决心和勇气。“日日行，不怕千万里；常常做，不怕千万事。”滴水穿石也好、铁棒磨成针也罢，愚公移山也好、精卫填海也罢，贵在有毅力、能坚持，始终不放弃、不抛弃。法国科学家居里夫人说："一个人没有毅力将一事无成。"英国作家狄更斯说："顽强的毅力可以征服世界上的任何一座高峰。"有了毅力就能坚持、坚持、再坚持，就能走出人生的沼泽地，锲而不舍地一直向前走。然而，毅力从何而来？非天上掉下来、地里冒出来，而是内生出来。一是来自内心的追求。"伟大的毅力只为伟大的目的而产生。"二是来自内心的坚强。美国发明家爱迪生说："伟大人物最明显的标志，就是他坚强的意志，不管环境变换到何种地步，他的初衷与希望仍不会有丝毫的改变。"三是来自内心的干净。有毅力的人没有那么多杂念，更没有邪念，心里像秋水一样透明纯净。

没有眼力看不到未来、看不清方向，没有魄力成不了大事，而没有毅力成不了大器。成功多半属于那些敏锐发现问题、很快做出决定，却又不轻易变更的人。

没有眼力看不到未来、看不清方向，没有魄力成不了大事，而没有毅力成不了大器。

第五十五诀

造势、借势、顺势是成不成事的“金钥匙”

事业成不成功本质上就是一个趋利避害的过程。“势者，利害之决。”造势、借势、顺势说白了就是怎么个趋利避害，让“利”越来越多，使“害”越来越少。

造势好比写文章的谋篇布局，要先谋于局、后谋于略，略从局出，要善于选取关键卡位，营造出有利于事业发展的局势、人脉和气场。如果把人生比喻成一条河流，那么造势好比在人生的长河中丢一颗石头，让人生溅起水花。造势的最高境界是令一切尽在自然中，恰如其分，却了无造势的痕迹。

人生是有限的，一个人要想在有限的时间里获得成功，得学会借助各种有利条件迅速实现自己的目标，此乃借势。正如哲人所云：只有站在巨人的肩上你才能看得更远。《三国演义》中的“草船借箭”便是经典的借势之举。借势需建立在识势的基础上，对大势有一个准确的判断，不能造势者则可多借势，借力、借机便是一种借势，善借势者应常处蓄势待发之状。

顺势则是一种顺大势、合潮流，是识时务者的智取，它实质上是在避逆势、待时势。顺势乃“搭顺风车”也，是一种乘势，乘势而上、顺势而为；顺势也是一种趁势，趁着机会，见机行事。

势，规律也。规律则不可逆、不可改和不可挡，所谓“势如破竹”“势不可当”。《孙子兵法》曰：“激水之疾，至于漂石者，势也。”其意是湍急的流水，飞快地奔流，以致冲走巨石，这就是势的力量。古人还有一句话颇有意思，“观千里不能自顾其耳，举千钧不能自拔其身。非目不疾、力不及也，势也”。大概说的是，一个人就算是千里眼，自己却看不到自己的耳朵，即使能举起千斤重担却不能够把自己身体举起，这不是眼力能达到的，原因在于“不得势”。由此可见，“势”对于人、对于工作之重要。一个人，要经常时不时地坐下来、静下来、慢下来仰望星空，对眼下或当前的“势”进行分析、观察和瞭望。“肯取势者可为人先，能谋势者必有所成。”世界潮流浩浩荡荡，顺之者昌逆之者亡，只有顺应潮流、合乎时势者，只有因势而谋、应势而动、顺势而为者，才能干成事。

争先、抢先、占先是快人一步的“勇字诀”

《孙子兵法》云：兵贵神速。神速之要义在于一个“先”字。先的要义则在于，人无我有、人有我快、人快我优、人优我新。

芸芸众生、茫茫人海，凭什么一马当先、独占鳌头和高人一筹？主要源于“三凭”：

一凭先知先觉。当下的社会，形势千变万化，机遇稍纵即逝，要“醒得早、起得快”，对于机遇得有“先知先觉”的意识和状态，即使不能先知先觉，也得后知后觉，切不可不知不觉。“春江水暖鸭先知”。先知先觉得有很强的感知力和认知力，未雨绸缪，落叶知秋，需要见事早、出手快，敢为天下先。先知先觉成就一生；后知后觉，得有后来居上的“恐后”心理，不甘落后，奋起直追亦可“亡羊补牢”；不知不觉则麻木不仁，甘为人后，最后一事无成。属于自己的风景，不要错过，如果不是自己的风景，那完全可以路过。机会面前人人平等，但机会绝不是平均分配的，机遇总是给有准备的人而准备的。机会就像一扇迅速旋转的门，当那个空当转到你面前时，你必须迅速地挤进去，不然就慢人一步、落人后头。

二凭坚持“奋楫”。《礼记·中庸》中说：“百舸争流、奋楫者先。”奋力划桨的人才会走在最前面。王羲之是东晋有名的书法家，他每天练字，练完之后就在家门口的一口池塘里洗笔，日复一日将整口池塘的水染成了黑色，像墨一般，人们把这口池塘叫作“墨池”。他的儿子王献之，七、八岁的时候，跟着他也学书法，有一次他向父亲讨教书法的窍门，王羲之指着院子里的十八口大水缸说：“写字的秘诀，就在这些水缸里面，你把这十八缸水写完就知道了。”王献之就这样坚持不懈地勤学苦练，终于写干了十八缸水，开创了一代书法新气象。父子两代人一起诠释了“奋楫者先”的真谛。

三凭勇于创新。为什么有的人也“醒得早、起得快”，可后来却渐渐“走得慢”“飞不高”以至于“掉队了”“落伍了”，就在于他都是走的“老套路”“老路径”，产生了“路径依赖”，缺乏走新路的勇气和胆略，也缺乏走新路的方法和探索，于是裹足不前了。

争先、抢先、占先，既是一种精神状态，又是一种本事和能力，既需要勇气，又需要办法，它是一个人慧根、慧心和慧眼的聚合，只有具备争先恐后的状态、抢先占先的本事，才能走在他人的前面，成为遥遥领先的佼佼者。

第五十七诀

谋事、谋道、谋略是高人一筹的“撒手锏”

做人做事做官成功者，关键在于一个“谋”字，其高低上下、成败好坏的分水岭也在于有没有“谋”。当然，问题在于谋什么、怎么谋。高明的人谋事、谋道、谋略，精明的人则谋人、谋术、谋策。高明的人三步一计，精明的人一步一计，或一步三计。前者是一种智慧，后者是一种聪明。

人要多谋事少谋人。《左传·襄公元年》中说：“以继好、结信、谋事、补阙，礼之大者也。”谋事多出于公心，谋人多出于私心。事实上，谋事多的人反而事少，谋人多的人反而事多；谋事的人简单，谋人的人复杂；谋事的人“会做事”，谋人的人“会来事”。现实中，常常可以看到，有的人“茶碗一端，专说人短；香烟一点，说话无边”。他们崇尚“关系学”，深谙“权谋术”，结果有的地方是“谋人者治人，谋事者治于人”，或者“做得好不如说得好，会做事不如会来事”，谋人者得势又得利。然而，真正日久见人心的还是谋事不谋人的人，真正笑到最后的还是“会做事”的人，“会来事”的人没有市场。

人要善于谋道拙于谋术。孔子曰：“君子谋道不谋食，君子忧道不忧贫。”所谓谋道，乃谋求事理和道义。人要明事理、担道义，这样的人才有格局、有未来。当然，人也不妨有些谋术，古人云：“以谋术论天下，其为人之豪杰！”然而，谋术中大体有厚黑术、权谋术等，大都是些争权夺利之术，登不了大雅之堂，也造就不了大格局。谋道提升境界，谋术降低眼界。

人还要长于谋略短于谋策。谋略者站位高、看得远、想得深，视野开阔、胸襟开阔、思路开阔。谋略是一种战略。什么是战略？毛泽东说："战略问题是研究战争全局的规律的东西。"换言之，着眼于"全局的规律性的东西"就是一种谋略。

常言道，谋有阳谋和阴谋之别，谋事、谋道、谋略乃阳谋，谋人、谋术、谋策更多的是一种阴谋。大智慧的人之所以技高一筹就在于谋事先于谋人、谋道优于谋术、谋略高于谋策。前者让人站位更高、视野更开阔、胸襟更宽广，而后者则站位偏低、视野趋窄、胸襟渐小，甚至久而久之会局限于个人心计，走入狭窄的"人生死胡同"。人生小胜靠术，中胜靠智，大胜靠德。

一般而言，伟人议论理，常人议论事，小人议论人，也正如"大国以世界看一隅，小国以一隅看世界"和"不谋全局不足以谋一域"一样，谋事、谋道、谋略是从大局着眼、大处着手、大事着力，是以大见小，这是真正技高一筹的"撒手锏"。

高人、贵人、家人是爬坡过坎的“助推器”

一个人的成长进步，个人努力是关键、是内因，起着决定性作用，同时，走在人生路上，也会遇到这样那样的人，简单地说是好人或坏人，好人遇得多则一路顺途、爬坡过坎，人生之路香花弥漫；坏人碰得多则命运多舛、荆棘密布。真正的幸福和幸运是：家里没病人，外头没仇人，圈里没小人，身边没坏人，进步有贵人，往来有高人。而在各种各样的好人中，最离不开的是高人指点、贵人相助和家人支持，还离不开友人抬举和他人监督。在这六种人中，高人、贵人、家人是真正的财富，这三种人能让你人生的关键点成为转折点，让你事业的起步变成起飞。

高人就是那些有丰富人生经历的过来人、“经历者”，他们或既有故事也曾有事故、既有成功也有过失败、既有丰富经验又有人生积累和沉淀，他们站得高、看得远、想得深、悟得透，能够高人一筹、深谋远虑，是我们前行的路标和灯塔，他们在你人生的紧要处、关键时、转折点和危险地对你作开导和点拨，让你少走弯路、免走岔路、不走错路，让你在人生的重要节点和关键路口行稳走好、走出精彩。

贵人就是领导和组织，就是“伯乐”，一个人能否在芸芸众生中脱颖而出，能否在茫茫人海中不被淹没，关键是能不能遇到贵人。领导和组织的培养，伯乐的发现和提携，让人脱颖而出、平步青云。贵人说到底是一种机遇、机缘和机会，然而，贵人是“给有准备的人准备的”。碰上贵人，是福是缘。

事业有成，一刻也离不开家人。儒家提倡“修身齐家治国平天下”，其中要义也在于此。一个人要甩开膀子、心无旁骛地干工作，背后得站着一个理解、信任、支持和给力的“亲友团”。当你发展得顺风顺水、志得意满时，他们给你喝彩叫好、温馨提示；当你在前行路上失意失落、遭遇挫折、困难和“暗礁”时，他们给你助力加油、纾困宽慰。家人支持，最大莫过于理解、信任和包容，家人是“加油站”不是“拖油瓶”，是“避风港”不是“招风地”，是垫脚石不是绊脚石。西湖边雷峰塔的倒塌，就是因为拣砖的人多，添砖的人少，一个家好比雷峰塔，好的家庭是充满正能量的，“亲”且又“清”，也就是既相亲相爱、抱团取暖，又在是与非、公与私上清清楚楚，在名与利、钱与物上清清白白，在来与往、情与爱上清清爽爽，人人添砖加瓦而不是添堵添乱。家人的理解、信任和支持是事业之福、个人进步之福。

真正的幸福和幸运是：家里没病人，外头没仇人，圈里没小人，身边没坏人，进步有贵人，往来有高人。

知恩、感恩、报恩是为人处世的“基本色”

知恩图报是优良传统文化的基本要义，是做人为官最起码的本色，丢掉了这一点就失去了做人为官的基础和条件，就无法做人，也难以为官。人生在世，总会碰到一些有恩于自己的人，特别是一些在自己成长进步中、危难关键时帮助过自己的人，不可、不该更不能忘却，否则会遭人唾弃，失去人心。

人，得先知道谁有恩于自己、为什么会有恩于自己、有多大的恩，这份恩情对自己意味着什么，等等。常念人之恩情是做人的良知所在。

知恩得感恩。“羊有跪乳之恩，鸦有反哺之义。”人，至少有四种大恩大德是永世不能忘的。一是养育之恩。“父恩比山高，母恩比海深。”恩，莫大于父母养育之恩。二是救命之恩。人的生命只有一次，救自己于危难之际、垂死之时、倾倒之刻往往也只有一次，应当刻骨铭心、没齿难忘。三是知遇之恩。有缘相识、相知并在自己的人生关键处、紧要时、转折点厚爱有加，或发现，或赏识，或相助，或栽培，或提携，或给力，等等，这种恩情可遇不可求、可得不可舍。四是患难之恩。当自己遭遇人生低谷，落魄落难，走“滑铁卢”“下坡路”时，他人不离不弃、相伴相随，有福同享易，有难同当不易，这种患难之恩温暖心灵、砥砺人生。快乐的人不一定懂得感恩，但懂得感恩的人一定很快乐。

感恩，还得报恩。感恩不是停留在嘴巴说说或一时做做而已，而是要体现在具体行动、持续行动上，当他人特别是有恩于自己的人需要帮助时能助人一臂、帮人一把，雪中送炭或成人之美。“滴水之恩，涌泉相报。”报恩是不拘形式也无论深浅多少的，有时哪怕只是静静、默默地守望和祝福，或者哪怕是只剩下一颗报恩之心也足矣，而有时不惜以性命回报亦让人无限感动。这样做了，既心安、又理得，还得人心，可谓受之大益不在于物力之“舍”，而在内心幸福愉悦之“得”。

第六十诀

大事件、大舞台、大考验是成大业者的“龙门跃”

一个人要成大业，得大气，而大气的养成得想办法干大活、上大舞台、经受大考验、经历大挑战。干大活，上大舞台，就是上“主战场”，去打大仗、硬仗、恶仗，这个过程必定要经受大挑战、大考验和大检验。

人应该既不嫌小活，又不惧大活。特别是年轻人首先要愿意和乐意从小活儿干起，学会做具体小事，不可好高骛远、贪大嫌小。东汉时有一少年名陈蕃，自命不凡，一心只想干大事业。一天，其父之友薛勤来访，见他独居的院内龌龊不堪，便对他说：“孺子何不洒扫以待宾客？”

陈蕃却答道："大丈夫处世，当扫天下，安事一屋？"薛勤当即反驳道："一屋不扫，何以扫天下？"陈蕃无言以对。立志扫天下者得从扫一屋开始起步。正所谓"合抱之木，生于毫末；九层之台，起于垒土；千里之行，始于足下"。然而，有大作为的人，当踮起脚尖看世界，"跳起身子摘桃子"。"小树结大果"，小人物要敢于说"大话"、接大活、干大事。所谓"干大活"，就是做那些急难险重的事情，挑大担子、接大任务。"大活"很有可能牵一发而动全身，往往既关乎全局，又关系局部；有时很可能是"生死战"，既决定命运，又影响未来。干过"大活"的人必定多了自信、多了底气，多了从容、多了淡定。

俗话说：舞台小天地，天地大舞台。人要到广阔的天地去闯，到火热的生活中去生活，宅男宅女是"宅"不出大出息的。人生的舞台有大有小，"海阔凭鱼跃，天高任鸟飞"，要寻找机会、争取机会上大场面，见识多了，自然就不怵事、不怯场了，关键时也就不怂了。人与人不一样，有的是放养大的，有的是饲养大的。"艰难困苦，玉汝于成。”温室里的花朵长不大，志存高远者得经风雨、见世面，到大风大浪中去“冲浪”，到急难险重里去“摔打”，到逼得自己没退路的环境下去“搏杀”。有时候，让我们后退的不是前方的对手，而是后面的退路，只有斩断自己的退路，才能更好地赢得出路。

大事件、大舞台是最大的考验，也是最好的检验。人是需要经历一些考验的，尤其是大的考验。这考验那考验，说到底一是身体的考验，二是心理的考验。比较而言，身体上的考验“来得快去得快”，承受起来更直接更直观，而心理上的考验无论来得快抑或是慢，都去得慢，它是对一个人意志力的检验。人这一生，大考验无非生与死、是与非、名与利，倘若有“命悬一线”的生死大考验，“非敌即友”“非此即彼”“非对即错”的是非大考验，“得之即失、失之即得”的名利大考验，有这么些“热锅上蚂蚁”的大考验，正是一个人成长成熟和成大业的绝好过程。人生有许多事情，正如船后的波纹，总要过后才觉得最美。人在三种情形下最容易清醒，即大祸临头后、重病缠身中、退休闲暇时。绝路逢生者必定有大彻大悟，劫后余生者必定会淡定从容。

一个人想要优秀，必须接受挑战；一个人想要尽快优秀，就要去寻找挑战；一个人想要尽快更优秀，应该敢于迎接并战胜大挑战。大事件、大舞台、大考验就是成大器、成大业者的大挑战。

一个人想要优秀，必须接受挑战；想要尽快优秀，就要去寻找挑战；想要尽快更优秀，应该敢于迎接并战胜大挑战。

容言、容事、容人是赢得人心的“吸铁石”

天空容纳每一片云彩，于是广阔无比；高山容纳每一块岩石，于是雄伟壮观；大海容纳每一朵浪花，于是浩瀚无垠。人亦如此，包容越多，得到越多，倘若能容言容事容人，便能行事大方、豁达大度，最终赢得人心。人的可贵之处在于有一种相容性。

相容性最苦莫过于容言。就是既要容得了人家说话，又要容得了人家说的话。人缘好的人，通常不是因为他有多幽默，多会说话，而是在于他能静静地倾听每个人说的话，这既是对他人起码的尊重，也是一个人最好的素养。不等他人把话说完便粗鲁打断的人，谈不上有素养。《史记》中有句名言："言能听，道乃进。"既要听，而且要听得进，特别是听得进不好听的话。有的人总是一味地喜欢听赞歌，或热衷于听"礼炮"，而排斥或拒绝人家唱反调、唱对台戏，更不习惯或不愿意听到那些尖锐逆耳、刺耳的话。"兼听则明，偏听则暗"，对于好话、坏话、难听甚至"骂娘"的话，都能听得进、容得下，既是一种态度又是一种气度，既要有肚量又要有雅量，既需要勇气又需要智慧。容言，才能听到"谔言""诤言"和"谏言"，才能广开言路、集思广益。

相容性最累莫过于容事。就是易事、苦事、难事、好事、窝囊事，不管什么事都能装在肚子里，然后一件件地处理，做到易事精心办、苦事开心办、难事用心办、好事好心办、窝囊事尽心办，不因其易而轻视、不因其苦而放弃、不因其难而退缩。

相容性最难莫过于容人。人总是各种各样、形形色色的，有你喜欢和投机投缘的，也有你讨厌反感和排斥拒绝的，五个指头伸出来有长有短，这就特别需要包容。如果说，迁就自己是一种过错，那么，迁就别人则是一种美德。“不责人小过，不发人阴私，不念人旧恶。”说的是不去责备他人的小过错，不去揭发他人的隐私，不去记恨他人的旧仇，这是容人的境界。以衣帽取人者，乃俗人；以亲疏待人者，乃庸人；以名利视人者，乃小人。做到既不以衣貌取人，又不以亲疏待人，更不以名利视人，而是礼貌对之、平等待之、常态视之，无论职务高低、地位尊卑、年龄大小、能力强弱、财富多少、功过有无，人格都是平等的，都应以诚相待、一视同仁。心灵的宽度，不是你认识了多少人，而是你包容了多少人。宽容的最高境界，不是放下而是放过。如果说，能够主动道歉的人内心很强大，那么，能够主动原谅和宽容人的人，内心更强大。容人者才能更得人心，容人者才能被人容。

天空容不了日月，它便一无所有；大地容不下山川草木，不过是丑陋、千疮百孔的骷髅。俗话说：“将军肚里能跑马，宰相肚里好撑船。”容言、容事、容人乃大气大度、豁达开明者的“标准像”。

守愚、守静、守信是守护自我的“净化器”

人可大智若愚，切不可大愚若智，学会难得糊涂甚至有时“装糊涂”，而切不可自以为是甚至“假聪明”。有一种人常被说成精明但不高明，精于算小账却不会算大账，说到底还是不聪明，没有大智慧，不会守愚、藏拙。一个人最大也是最高的境界是抱朴守拙，心头洞明，却一副痴呆愚顽的神情。《史记》上记载，孔子年轻时曾经向老子请教做人的道理，老子告诉孔子说：“良贾深藏若虚，君子盛德容貌若愚。”了不起的商人往往深藏不露，外表看起来好像一无所有；品行高尚的君子内藏道德，而外表看起来好像愚钝。财大不气粗、恃才不自傲、官大不压人，这三种人就是一种守愚。人至察则无徒，所以，人不能太精明、太计较，平时糊涂一点，给人留有余地，方是共赢之路。一个真正聪明的人往往不怕他的对手装聪明，而是害怕他的对手装傻。

守愚是一种智慧，守愚的背后是一个安宁的灵魂，一片安静的心。静，是祖先们推崇的一种大智慧，它既是一种歇息，又是一种修行。很多烦恼来自喧嚣，很多伤痛来自躁动。《道德经》上说，静为躁君。静能克服人身上的躁动之气。《大学》里说："静而后能安，安而后能虑，虑而后能得。"可以说，静是安宁、思虑并有所得的前提和基础，正如沉能制浮、宽能制褊、缓能制急一样，静能制动、静能生慧、静能养神，静如处子，才能动如脱兔。水静下来才会清澈，人心静了才能真正做生活的主人，当你能够平心静气、放弃执拗的时候，喜悦就会油然而生。当下，心浮气躁、急功近利、焦虑不安是不少人的一种常态，守住一份安静、宁静和平静既难得又可贵。无人理会时自在执着，万人艳羡时心如止水；小隐隐于野，大隐隐于市，这都是静的境界、静的力量。静气是一种大美。“心收静里寻真乐，眼放长空得大观。”安静的人才会冷静观察、审时度势，才会找寻到心的超然和安宁，心清才能看到万物的本质，心静才能听到万物的声音。只有守静的人，才能善于发现并懂得享受生活中的真善美，才能保持一份淡定、从容的处世态度，才能在纷繁复杂的世界中保持一种定力而不至于迷失。

外在守愚、内在守静，骨子里则最需要守信。《论语》中说：“人而无信，不知其可也。大车无輗，小车无軏，其何以行之哉？”人若无信用，便无法行走。守信是用钱都买不到的高贵品质和人格魅力。信任人是一种境界，被信任是一种幸福，他人信任你是因为你的可信，是你在他人心目中存在的价值，唯有一贯守信的人才能得到人家的信任，才能获得此等幸福。失信是人生最大的破产，守信是做人最大的一笔资产。

静，是祖先们推崇的一种大智慧，它既是一种歇息，又是一种修行。很多烦恼来自喧嚣，很多伤痛来自躁动。

长处、难处、好处是修身养性的“三境界”

一个人应当怎样看人待人？怎样为人做人？怎样才能够让自己过得心安理得、无怨无憾？多看人长处、多帮人难处、多记人好处，不失为人与人之间的相处之道、相安之术，也不失为自己修身养性的三种境界。

多看人长处，既是一种角度，更是一种态度。俗话说：“瓜无滚圆，人无十全。”任何人都不是完美的，但有的人总是先入为主，或戴着有色眼镜看人，或干脆门缝里瞧人，结果把人不是看歪了，就是看扁了，甚至看坏了。看人要多看长处，如果光看他的短处，就会觉得没有一个人可交、可用，结果自己反而成了孤家寡人一个。从某种意义上来说，自己的优点，要掩饰几分；别人的缺点，要掩盖几分。做人要明白一个道理，常看别人的优点，自己的优点也会增加；常看别人的缺点，自己的缺点也会变大。

多帮人难处，既是一种胸怀，更是一种情怀。生命是一种回声，把最好的给予他人，就会从他人那里获得最好的给予；帮助的人越多，得到的越多。人脉，不是你利用过多少人，而是你帮助过多少人。人不是生活在真空里，帮人就是帮己，今天我帮你，或许明天你帮我，不可以冷漠，不可以自私，也不可能所谓的独善其身。设身处地为他人着想，既雪中送炭，又锦上添花，多为社会增添、聚积和传递正能量，既是积德行善，又是在提升做人的境界。人生最重要的不是超过多少人，而是帮过多少人。帮人越多，人生越快乐，给别人的生命带来阳光的人，自己也会享有阳光。正所谓，一个人之所以快乐，是因为他想要让他人快乐；一个人之所以痛苦，是因为他自己太想要快乐。

多记人好处，既是一种修为，更是一种修养。知恩、感恩、报恩，是做人的一种美德，对于那些在自己危难时、关键处、重要事和转折点帮助过自己的人，不可、不该、更不能忘却。修为好的人善于忘记给过别人什么，却永远记得别人给过自己什么。懂得感恩的人，会赢得更多、更大的帮助，多记人好处既心安理得，又为自己加分。

欣赏别人是一种境界，善待别人是一种胸怀，理解别人是一种涵养。多看人长处、多帮人难处、多记人好处，则多一种祥和、多一分快乐、多一片天地。

多看人长处、多帮人难处、多记人好处，不失为人与人之间的相处之道、相安之术，也不失为自己修身养性的三种境界。

布局、破局、成局是事业有成的“凯旋门”

人生好比下一盘棋，要下好、下赢这盘棋，得心中有局，如果是无目的、无“棋路”、无章法地落子，走一步看一步，进一步算一步，迟早得输。那么，这个“棋局”该怎么走呢？

首先得学会布局。一个人走上社会，或开启新的事业，或来到一个新的单位，都得有一个规划安排，要有目标方向、成长路径、方法步骤和措施办法等。缺乏合理的布局，人则容易失去方向感和方位感。科学的布局是一种“跳起来摘桃子”“踮起脚尖看世界”的状态，既尽力而为，又量力而行。布局就是开好局。开局起步被认为是人生的第一粒扣子，扣好这粒扣子关系到整件衣服能否穿戴整齐，显得至关重要。

然而，有了一个好开头，并不意味着就能一马平川。在行进的过程中，可能会遇到这样那样的困局，这就要有破局的能力、解局的方法。破局之术、解局之法，是一个人能否走出人生泥沼、走进新天地的关键。眼下，面对各种各样的诱惑和陷阱、围堵和“围猎”，甚至一些别有用心者、居心不良者刻意设的局、下的套，既能识破，又能突破，既需要能力，又需要定力，这就是破局的功夫。

布局合理、破局有效，成局也就水到渠成。成局就是干成事，布局也好，破局也罢，如果干不成事，没有一个好的结局，那都白费心机、徒劳无功，所以，最后还是要把功夫体现在成局上。在人生重要关口，明白怎么个“起承转合”，布局、破局、成局便是“凯旋门”。

人生如棋，有失才有得、有得便有失，先舍后得、能舍能得，如果你一粒棋子都不愿意失去，就必定会落得满盘皆输。布局、破局、成局，个中奥妙在于局，既着眼于大局，又着力于细节，从一开始就把人生作为一盘大棋来走，走好人生的每一步棋子，扣好人生的每一粒扣子，特别是对于起步开局、起承转合、升降去留这些关键节点上的“落子”更要三思而行、落地有声、落子无悔。

第六十五诀

谦虚、谦逊、谦和是谦谦君子的“标准像”

做人要做君子不做小人，要做真君子不做伪君子。真君子的模样有很多侧面，谦虚做人最为贵，古人所谓“谦谦君子，温润如玉”是也。谦虚是一种美丽，是一个人修养到一定境界后的外在表现。苏联作家高尔基有句名言：“智慧是宝石，如果谦虚镶边，就会更加灿烂夺目。”谦虚既能使自己进步，又能让他人敬重，还能使骄傲的人显得渺小、肤浅而笨拙。正如苏联作家奥斯特洛夫斯基所说的：“谦虚可以使一个战士更美丽。”自古以来，人们崇尚谦虚，赞美谦虚，视谦虚为一种难能可贵的美德，诸如

"谦受益,满招损""谦虚使人进步,骄傲使人落后""虚心竹有低头叶,傲骨梅无仰面花""虚心的人十有九成,自满的人十有九空",等等,举不胜举。我们这个民族,谦虚是我们的文化本色,骨子里有谦虚的基因,性格中有谦虚的密码。《易经》有六十四卦,再吉的卦也有不吉的爻,唯有谦卦六爻皆吉,对此有一个精妙的注释:"谦,尊而光,卑而不可逾。"其意是,谦虚是不可战胜的。

如果谦虚是做人的一种态度的话,那么谦逊则是一种人品,是一种更为低调的态度和精神,是内在美德、素养和涵养的高度表现。低头走人生的上坡路,抬头走人生的下坡路。谦逊的人不自大、不虚夸,不因学问高深而骄傲自大,不因地位显赫而养尊处优,不因财富丰厚而口大气粗,如同成熟的麦穗,愈饱满愈低调内敛。伟大的人生就像灯塔那样,虽然没有巨大的声音,却一直散发光芒。

"道生于静逸,德生于谦和。"谦和是谦虚、谦逊者的表情和态度。修得谦和在,则能不烦不躁。谦和之人退能明哲保身，进能感化他人，一生都会幸福自在。谦虚使自己进步又美丽，谦逊让他人敬佩又敬重，谦和则使人感动又感化。

有真才者，必不矜才；有实学者，必不夸学。谦虚、谦逊、谦和的人，身段很软，却立足很高，他早已于无形中站在了做人的制高点上。

忠义、仁义、情义是取信于人的“好品牌”

人靠什么取信于他人？靠什么维系人与人的感情？说到底是靠忠诚、仁爱和真情。

古往今来，忠义一直为人们所看重。“忠诚敦厚，人之根基也。”无论是为官从政，还是经商办企，忠义和能力是两大基石，然而如果没有忠义，能力则无足轻重，忠义比能力更重要。在众人眼里，忠义之人往往深明大义、表里如一，一生忠义仁勇、诚信冠天下的关云长是忠义的化身和代表，成了忠义的符号，关云长也由一个历史真实人物成为一种文化现象，绵延传世一千多年。《水浒传》中的杨志曾经问军师吴用何为“忠义”。吴用答道：“什么叫忠，对上无二心；什么叫义，对友无二心。”桃园结义的誓词写得一清二楚：“上报国家，下安黎庶。”一个人最大的忠义便是精忠报国、一心为民。

何谓仁义？仁爱与正义也。《礼记·曲礼上》云：“道德仁义，非礼不成。”仁义乃传统道德的最高准则。“仁义者，治之本也。”“仁义礼智信温良恭俭让”，这十个字中“仁义”是排在最靠前的，“仁义礼智信”被合称为“五常”，这“五常”是做人的起码道德准则。俗话说，钱财如粪土，仁义值千金。仁义无价，更是金钱难买，“以仁为富，以义为贵”是做人的价值所求。什么样的人才会讲仁义呢？孟轲说：“恻隐之心，仁之端也；羞恶之心，义之端也。”常怀恻隐之心、羞恶之心，便有了仁义的开始，就有了讲仁义的源头活水。仁者，爱人，也就是多设身处地替别人着想，为别人考虑。仁义之人大都通情达理、性格温顺、宽厚正直、和蔼善良。“以仁义服人，何人不服。”大凡仁者都特别有人缘，得人心、被人敬爱。

重忠义、讲仁义的人，自然是个有情有义的人。“无情未必真豪杰。”“人非草木，孰能无情。”“感人心者，莫先乎情。”有没有情义是做人有没有温度的“体温表”，冷漠无情或虚情假意的人没有真正的朋友，也不会有事业上的真正成功。情，乃发轫于心、流淌于血、维系于脉的一种具有生命力、感染力的东西。俗话说：“千里送鹅毛，礼轻情义重。”人与人有了情义，那是无价之宝，弥足珍贵。人贵在真性，真性是不虚、不私、不妄之情。守住一份真情、保持一份纯情，既难得，又珍贵，是做人的本色。

恻隐之心，仁之端也；羞恶之心，义之端也。

大气、骨气、书卷气是顶天立地的“试金石”

欲成大器，得养大气。人应当涵养一种大气。大气之人，有一种纳百川、怀日月的气概，一种成熟宽厚、包容大方的气量，一种胸有成竹、从容淡定的气度，如大山一般深厚、似大海一样渊博。大气之人，往往举重若轻、潇洒飘逸、收放自如，临危不惧、从容不迫，他们有“兵来将挡，水来土掩”的定力，有“宰相肚里能撑船”的胸怀，有“会当凌绝顶，一览众山小”的眼界。综观大气之人，大都志存高远、深谋远虑，站得高、看得远、想得深，踱着方步、仰望星空。他们有一种家国情怀、担当精神，是有大格局的人、顶天立地的人。然而，大气者并不一定位高权重，大气并非大人物的专利。不论职位高低、权力大小，即便小人物也可以说“大话”，即便独处一隅，也能以一隅而观世界。

大气靠养，一靠读万卷书。古人云：“三日不读书，则义理不交于胸中，对镜觉面目可憎，向人亦语言无味。”又曰：“一日不读书，胸臆无佳想；一月不读书，耳目失精爽。”正所谓“胸藏文墨虚若谷，腹有诗书气自华”，读万卷书晓天下事，自然大气了得。为官者更应如此，如果说“学而优则仕”的话，更应该“仕而优则学”。二靠行万里路。见多识广，才可能视野开阔、气度非凡。这里所谓的“行万里路”，就是要在实践中经风雨、见世面，上大场面、挑大梁、干大事业，能够经历大事件的考验、经受大风浪的冲击、经得大场面的熏陶。三靠交八方友。“与善人居，如入芝兰之室，久而不闻其香，即与之化矣。”常与、久与、多与有鸿鹄之志的大手笔、大气魄、大视野之人交往，自然而然也就会“近朱者赤”了。

人生在世，应当也必须有骨气，骨气就是一种折不断、打不烂、压不垮、扭不弯的脊梁。有了骨气，人品有高度、人格有硬度，就有一种气势和气场，腐蚀近不了身、诱惑入不了心。有骨气的人，活得有尊严、有气质。做人的最佳状态不是一味低调，也不是一味张扬，而是不卑不亢，有骨气的人不卑不亢。有骨气的人，从道不从上、跟理不跟风，有一种不畏权势的精神，有一种不委于名利的品格，有一种不慑于淫威的气节。人之骨气，源自：一是无私无畏；二是无欲无求；三是无拘无束。有骨气的人，心中有大方向、大原则和大是非，肩上有使命、责任和担当，骨气乃人性中的大美。

人还得有书卷气，气质美如兰。纵观人生跌宕起伏，人到最后实质上拼的是气质而不是颜值，再美的容颜、再高的颜值，都会随着韶华的流逝而无情地衰退，而气质会伴随终生，甚至历久弥香。书卷气从哪来？一从读书中来，二从修身中来。

一个人有了这三“气”，便成了一个肩膀硬、腰板直的人，一个有格局、顶天立地的人。

第六十八诀

本真、本色、本分是安分守己的“始发地”

一个不懂得或不知道来路的人，是没有出路的人。人生最大的彻悟，是“怎么来”和“怎么去”。“我是谁？我从哪里来？我往哪里去？”只有在这样一次次的扪心自问中，才不至于迷失自我，才能于纷繁复杂、扑朔迷离的尘世中始终坚持前行的方向不变，坚守精神的家园不弃，坚信美好的初衷不改，换句话说，就是坚信本真不变、坚守本分不忘、坚持本色不改。

本真最实质的意义就是本性。本性是天生之性。“天之生圣人也，大抵以刚直葆其本真。”人走着走着特别是走上声名地位筑起的高台时，容易或多或少地走失甚至走丢一部分真实的自己，这就需要慢下来、静下来回过头去看一看，梳理梳理来龙去脉，寻找并做回那个真实、真正的自己，做真正的自己就是拥有本真。本真是自由、快乐、健康的“源头活水”。人是需要在人生路上不断地去追寻生命的本真，这样才会纯净质朴，生活得简单而幸福，才会涤荡内心过多的欲望。拥有本真，让自己在失意彷徨时看到阳光和希望，在飞黄腾达时不会得意忘形，在绚烂至极时保持内心的平静和平淡，在越走越远、越飞越高时仍能看到当初的自己。台湾作家林清玄说：“回到最单纯的初心，让世界的吵闹去喧嚣它自己吧，只愿我们心怀清欢，以清净心看世界。”做人若能一直保持真模样，一定是一种可爱的美。

人的身份职务可以变、地位名望可以变，但一定要知道做人的本色是什么，坚持本色不能变。古往今来，老祖宗留下来的、岁月积淀下来的，以及一代又一代传承下来的做人的本色有很多，诸如：谦虚谨慎、勤俭节约、勤劳朴实、与人为善、以和为贵，等等，浩如烟海。在这样那样的本色中，本分是最基本的本色。做人之本分，说白了就是安分守己。芸芸众生，不安分的灵魂很多，守不住自己的人不少。在名与利、权与色上，不是自己的不要，不该拿的不拿，便是做人的本分。不本分，那叫非分，做人有了非分之想，做事就会无所畏惧，言行就会走形变样、扭曲变形，就会渐渐出格、出轨、出丑、出事。“行于所当行，止于所不可不止”，这虽非易事，但得做到，做之便恪守住了做人的本分。做人还是本分点好，尽管本分老实可能会一时一事上吃点亏，但终归会一生一世受益。

本真、本色、本分如山谷的清风、似山涧的清泉、像山巅上的野花，那么纯粹、纯净而纯朴，绽放着人性之美。

平和、平静、平淡是快乐幸福的“主打歌”

“宠辱不惊，闲看庭前花开花落；去留无意，漫随天外云卷云舒。”这是一种境界和眼界，更是一种心态和状态，如何让平和、平静、平淡成为一种常态，需要沉淀和修炼。

平和，主要表现在对人的言语和态度上。现实中，不少人缺的正是一种平和之状，待人接物言辞犀利，易冲动、太尖锐，有的还喜欢肆意卖弄、随意招摇、故意嘚瑟，等等。平和之人，低调谦逊，随性随和，能忍耐、忍受和忍让，不事事穷尽，不步步紧逼，得理会让人，与己无关的人往往一笑而过，非己所能的事常常随遇而安。哲人说：人生嘛，其实就是笑笑别人，顺便再让别人笑笑。如此简单，更应平和待人。平和源于一份心安自在，心安处处安，何处不自在？心宁处处宁，何处不从容，心越沉稳越平和。

平静，主要表现在对名声的向往和追求上。现实中，不少人缺的正是平静之态，急着出名、忙着出名，争着出名、抢着出名，为了一夜成名，不顾面子、不惜里子。平静之人，不以物喜、不以己悲。平静是一种人生真味，陶渊明醉于“采菊东篱下，悠然见南山”；孟浩然喜于“故人具鸡黍，邀我至田家”；李白乐于“钟鼓馔玉不足贵，但愿长醉不复醒”等，皆因对功名利禄的淡泊之心，他们也因此体味到人生的原汁原味。

平淡，主要表现在对利益的取舍和获得上。平淡才是人生餐桌上的主菜，只有学会在平淡中享受生活，才能活出人生的精彩。平淡的人，生活不讲究，拿得起、放得下，粗茶淡饭也很香，粗茶淡饭有真味，明窗净几是安居。人活到极致，一定是素与简，生活中丰富的极致是简单，绚烂的极致是平淡，正所谓“绚烂至极，归于平淡”；故事再美，结局还是再见。当年，梨园里的“冬皇”孟小冬，曾经的她只要一开唱即艳惊四座，出场必定座无虚席，这样一位万宠集于一身的人，暮年时，背对来访者，面对琴师，浅吟低唱，达官贵人前来拜访，她都一口回绝，她让自己繁华尽致的生命添上淡泊素色的一笔，做回了最真实的自己，这份真实就在平淡之中。

对人平和、对名平静、对利平淡，始终保持着平和之状、平静之态和平淡之心，始终对身外之物“看得透、想得通、放得下、忘得了”，就会心平气和、幸福快乐。看透大事者超脱，看不透者固执；看透小事者豁达，看不透者计较。人的所有不快乐，一言以蔽之：一是求之不得；二是舍之不得。一个人，看见不如看清，看清不如看懂，看懂不如看透，看透不如看开。当然，人生应当看清、看懂、看透、看开但不看破。看清需要智商，看懂需要情商，看透需要阅历，看开需要经历，而不看破则需要胸襟和胸怀。平和养心、平静养性、平淡养福，于是，平和得福、平静享福、平淡见福。繁华三千，看淡即是云烟，烦恼无数，想开就是晴天。看淡了，就有好心境；想开了，就有好心情。生命的真谛是在纷繁喧闹中，活出一份宁静安详，让生命在平和中运转，而不是在焦虑中追赶。一个人倘若真正想通了、看透了、放下了，就会泰然处之，变得平和、平静、平淡起来，只有平和、平静、平淡下来，生命才真正找到回家的路。

人生最大的幸福，是“身已安”和“心亦宽”。对于每个人来说，平和、平静、平淡是最舒服的枕头，它让人生安稳好梦。平安最宝贵、平和最轻松、平静最难得、平淡最悠然，拥有平和、平静、平淡，人生就是一曲悠扬的歌。

防线、底线、红线是守护前程的“生命线”

但凡出事者，皆因思想上没防线、心里头没底线、行为中没红线，我行我素、随心所欲。

任何人，都得有思想防线。俗话说：害人之心不可有，防人之心不可无。这里指的是防坏人、防小人、防居心叵测的人、防用心险恶的人，同时还要防风险、防危险、防事故、防灾难，等等。筑牢思想防线，是风险意识、危机意识和忧患意识使然。“凡事预则立，不预则废。”为官从政，思想防线的失守是最大的失守，也是最危险的失守。要看到，思想防线的失守，有时往往就在一念之间或一念之差。有的人，就因为自己宽慰自己“不会有事”“不会那么倒霉”，或者自己安慰自己“下不为例”“天知地知你知我知”，结果自毁长城，这实际上都是在掩耳盗铃、自欺欺人。思想防线的失守，有时往往源于一种自我麻痹或自我陶醉，甚至就是犯一时糊涂，是侥幸思想、投机心理作祟的结果。有一句话说得好：“房子是应该经常打扫的，不打扫就会积满灰尘；脸是应该经常洗的，不洗也就会灰尘满面。”人的思想呢？也会沾满灰尘，也应该经常打扫和洗涤，唯有如此，才有可能把自己的思想防线筑牢。

做人做事做官还要知道底线在哪里，边界在哪里？人要有底线概念，知道什么事可干、什么事不可干，什么人可交、什么人不可交，什么话可说、什么话不可说，什么地方可去、什么地方不可去。当然，不同的人可能会有不同的底线标准，在这个人眼里或心里是底线，在那个人眼里或心里也许算不上底线，特别是在现如今社会底线普遍有所下降的情形下，有时底线显得比较模糊，但是，做人做事做官是非、对错、好坏那些最基本的底线是清楚的、明确的和一贯的，所谓人人心中有杆秤，秤砣就是那人心，也就是人们常说的公道自在人心。那些悖民意、违民心、逆民愿，招众人戳脊梁骨和唾弃的人和事就应该是社会的底线。就自己而言，不做让良心不安、昧着良心的人和事就是底线。换句话说，不能出卖自己、背叛自己，这就是做人的基本底线。底线是要死守的，出线意味着出界，出界就会出局，出界就会出事，越轨的瞬间就是痛苦的开始。任何时候都不要放弃底线，只有心灵站直了，生命才不会倾斜。

做人做事做官更要明白政策和法律法规的红线是什么，踩红线意味着什么。政策以及法律法规是人生路上的一条条红线，碰不得、越不得。每个人都要知法守法，把自己的一切言行置于法律法规之下，这是任何时候任何人“安全出行”的最根本保证。

筑牢思想防线，守住做人底线，不踩法律法规红线，这“三线”是高压线，也是生命线，保持住了这“三线”，就不会被“设局”、被“下套”，就不会掉入陷阱，倒在成功前的“一米线”上。

只有心灵站直了，生命才不会倾斜。

第七十一诀

正知、正念、正行是克己守正的“正能量”

人生一世，能不能行稳致远，而且留下个好名声，说到底看他一生是不是走在正道、大道上，是不是走得正、行得端，是不是正直、正派。俗话说：站不端正的蜡烛，必然泪多命短。那么，怎样才能守住内心和骨子里的这份正，取决于言行举止有没有正知、正念和正行。

正知就是正确的认知，是对人和事物正确的看法和判断。一个人对事物认知的正确与否直接影响和决定着一个人行动的正确与否。大凡人生路上，行得稳、走得远和飞得高的，皆因对事物发展的特点及其规律有正确的认识，对人生发展的方向及其路径有正确的认识，看得清、悟得透、想得深，能够透过现象看本质，透过个别看一般，特别是能落叶知秋、见微知著、窥斑见豹。正确的认知源于知识和经验，源于实践和生活，源于正确的思想方法和思维方式，而这一切取决于正确的学习、思考和总结。

正念就是正确的理念和观念、感受和意识。一个人的想法最要命的是不切实际、脱离实际，或过高或过空或过大，于是好高骛远、异想天开，更有甚者内心的念想囿于一己之利，基于一己之私，动“歪点子”，想“坏办法”，出“馊主意”，卑琐而渺小，念想一歪身子必斜。正念就是心正，说到底是一种明白和智慧，在面对各种各样的利益选择时，明白对错，懂得取舍。《大学》中说：“物格而后知至，知至而后意诚，意诚而后心正，心正而后身修，身修而后家齐，家齐而后国治，国治而后天下平。”从中可以看出，正念来源于明白和智慧，而明白和智慧来源于不断的学习、思考和总结。正行就是高尚的德行和品行、正确的行为和行动。

正行是正知、正念和正见的结果，什么样的认知和念想会产生相应的德行。有人说，性格决定命运，德行决定人生。“君子以制数度，议德行。”“德行谓人才堪任之优劣。”德行也就是正行。自古以来，德行是人的“命根子”。

从大的方向来看，未来的社会是秉持正知正念正行者的天下，社会的真正危机，不是金融危机或本领危机，而是道德与信仰危机，谁的福报越多，谁的正能量越大，谁的成功率则越高。

第七十二诀

公平、公正、公道是世道人心的“好声音”

天下之事其难也易，其易也难，关键在于是否公；天下之人其繁也简，其简也繁，关键在于能否公。

说到公，得先说公平。古往今来，多少人和事“不患寡而患不均”，因为不均而社会撕裂、人群分裂，因为不均则“揭竿而起”、群起而攻。公莫过于公平合理、不偏不倚、不我不私。“天公平而无私，故美恶莫不覆；地公平而无私，故大小莫不载。”公平说易做难、知易行难，关键在于是不是、有没有“私”字作怪。公与私好比跷跷板的两头，公重则私轻，私重则公轻。有格局、情怀和境界的人，往往公私分明，而且把私看得轻，把公看得重，天平往公这一头倾斜，甚至公而忘私。只有那些没抱负、没头脑和没原则的人，才会公私不分，甚至假公济私。汉朝丞相陈平少年时在家乡分肉，他把难事易办，其秘诀就在于一个公字，大公无私、公而忘私。“平分”易，易在公平、公正、公道也。

如果说公平是对人对事的平等、一视同仁的话，那么公正则是一种“不偏私，正直”，它与正义、正当相关联。公正是一种价值判断，它依据一定的价值标准，而这个标准就是法律法规。三国时期，曹操有个“割发代首”的故事，说的是自己骑的马踏坏了一大片麦田，违反了自己立下的规定，于是要随行的官员给自己定罪，官员不敢，最后他自己割发代首。“公生明，廉生威。”曹操以自己的公正立了军规军纪，也树了自己的威信。公莫大于公正正直，不袒不护、不亲不疏。“故上者下之本也……上公正则下亦直矣。”“公道人情两是非，人情公道最难为。”公莫难于公道正派，出以公心、大公无私，公道待人、公允接物，

“如是，则庶事理，公道立，奸邪塞，私权废矣”。

公莫过于公平、莫大于公正、莫难于公道，倘若都做到了，世道也就太平安宁了。

气场、气势、气度是凝心聚力的“大磁场”

气场是一个人散发出来的一种隐形力量，是对周围人施加或产生影响的一种作用力。气场是成功者的成功之术和成功之道。气场强的人能够掌控局面、驾驭局势，能够形成一个以我为主、随我而动的气势，能够像磁石一般吸引人、感召人和凝聚人。学会积聚自己的气场是真本事、硬功夫，也是一门大学问。人的气场从哪里来？一是从足够的自信中来。有自信的人未必有气场，但有气场的人必定很自信。一个连自己都不相信的人，凭什么让别人听他信他、跟他随他？自信者总能在人群中流光溢彩，获得他人的认同，赢得众人的欣赏。二是从足够的能力中来。气场强并不是比谁的嗓门大、调门高，更不是比谁会发脾气、敢耍横，似乎声色俱厉、口大气粗就是有气场。气场强的人，往往有过人的交流沟通力、灵动善融力和组织协调力。气场强的人，常常不怒而威、不言而慑。

气场强的人有一种气势，这种气势表现在气质上，往往一出场、一出现或一亮相便让人眼睛一亮、心头一热和精神一振；表现在气概上，往往镇得住场面、稳得住阵脚，能压倒一切困难而不被困难所压倒，征服一切险阻而不被险阻所征服。大事来临有静气，大场面上有定力，大难面前有主见，淡定从容、稳健厚重，特别是在关键时、紧要处能转危为安、化险为夷，有一种气吞山河、舍我其谁的英雄气概。一个整天疲疲沓沓、软弱无力，萎靡不振、无所用心，瞻前顾后、患得患失，优柔寡断、不敢担当的人是与气势无缘的。

气场强的人还往往表现出一种气度。气度是一种从容不迫的气派，一种雍容大度的气量。气度决定一个人的高度。俗话说："将军额上能跑马，宰相肚里能撑船。"气度说到底是一种胸襟、胸怀，是一个人包容世界的能力和对人与事的态度。既得所当得，又舍所当舍，是明白人；既能赢得起，又能输得起，是大肚人。做人可以不"大肚"，但一定要大度。气度大的人遇麻烦事不埋怨、不指责，遇委屈事不抱怨、不灰心，遇吃亏事不斤斤计较、不随意发脾气。忍耐是他的性格，克制是他的修养。不随便与人争高下，不轻易与人论优劣，如大海一般容纳百川，似天空一样浩瀚无垠。一个自私自利、小家子气的人与气度无关。人需要魅力，有气场、气势、气度的人便是一个有魅力的人。

第七十四诀

慧眼、慧心、慧根是高人一筹的“硬功夫”

如果说人与人最大的差别是什么、在哪里的话，从一定意义上讲，聪明不聪明是最主要的。不过，聪明也有大聪明、小聪明，真聪明、假聪明之别，真正的大聪明才让一个人高人一筹、脱颖而出。人的聪明劲从哪里来？当然从学习和实践中来，这是最根本的。离开了经常的、反复的、深入的学习和实践，即使一时聪明，也不可能永远聪明；即使开始聪明，也很难保证后面仍然聪明；即使在这件事上聪明，也很难说在其他事上也聪明。聪明的人总是用别人的智慧填补自己的大脑，愚蠢的人总是用别人的智慧干扰自己的情绪。不聪明时就去学习与实践，向书本学、向他人学、向实践学，在学习与实践中去总结、去提高、去升华，使自己变得越来越聪明。而能不能变聪明，这恐怕取决于一个人的慧眼、慧心和慧根的好坏多少了。

首先得练就一双慧眼。为什么有的人常常“有眼不识泰山”，或总是“不识庐山真面目”？为什么同样的事情，他看得到我却看不到？他能看到“三步”外的全局和长远，我只能看到“一步”内的局部和眼前？原因在于缺一双“一眼识破天机”的慧眼。千里马常有，伯乐不常有，就在于伯乐独具慧眼，察人之所未察、识人之所未识，靠的是一双千里眼，靠的是独到的眼力和眼光。慧眼不是人人都有的，但是可以学着去练就。要学会站在高高的、静静的和较远的地方去看，用联系的、发展的、历史的眼光去看，具备懂得看海平面“桅杆”的本事。真正的聪明，是能够正确预见事情的结果。

慧眼来自有没有慧心，也就是有没有一颗聪慧的心思和心智。“器不假妙瞽而良，籥不因慧心而调。”俗话说：慧心未泯。人之可贵在于虽然经过岁月的洗练，但内心深处的良知、智慧并未消失。有人说，识人不是靠眼，而是靠心。有时眼力再好，也有走眼的时候，要相信慧眼，但也不可迷信慧眼，有时还得靠慧心。

慧心是一种灵性，它源于人的慧根。通常情形下，那些爱静静沉思的人，往往善于透过现象看本质，一下子能抓住事物的要害和本质，这种洞察力、穿透力便是人的慧根。慧根像蜘蛛网，能粘住所有飞过的小昆虫。观察少量事物，能以小见大、推而广之，能触类旁通、由此及彼；观察大量事物，能从不同事物中发现共性的东西，这就是慧根了，它说到底就是一种很强的领悟力和感知力。慧眼、慧心、慧根三者皆备，则能高人一筹、鹤立鸡群。

知责、履责、尽责是有为有位的“驱动力”

干事情，责任是第一位的。干成事情，责任心是最关键的。为什么有的人做了一辈子事情，却始终做不了行家里手、成不了气候？为什么有的人表面看在干事情，却总给人不在状态的感觉，既无心又无力？为什么有的人事经他办不放心、文过他手不踏实，让人左右不信任？这其中除了能力的原因以外，责任缺位、责任心缺失是最主要的。责任在肩则心生自觉，责任在胸则变“要我做”为“我要做”。

责任能不能到位，首先得心里清楚责任是什么、在哪里，这叫知责明责，这是前提和条件。一个不清楚责任范围和边界的人，守责担责无从谈起。知责说到底就是一种角色意识。我是谁、从哪来？我是干什么的、能干什么、该干什么？只有知责方能履责担责。然而，现实中有些人或不知责，迷迷糊糊、浑浑噩噩；或知半责、半知责，处在一种“浅睡”“半睡”，甚至“装睡”状态。不知责就会轻飘飘，无所用心，甚至无所事事。

人的价值是在担责履责中实现的。歌德曾经说：“尽力履行你的职责，那你就会立刻知道你的价值。”现实中，有的人往往找种种理由和借口不作为、慢作为，甚至乱作为、胡作为，让自己的人生一钱不值，说白了这是浪费生命，无异于自杀。责任重于泰山。人在履责的过程中，也有一个真履假履、多履少履、全履半履的问题。现实中有的人出工不出力、坐诊不号脉、挂帅不出征、倒脚不射门，或者做一天和尚撞一天钟；有的人则把工作仅仅当作职业，甚至副业来看待，身在曹营心在汉，等等。这都是“半履”“少履”，甚至“假履”。竭尽全力去做工作，不偷懒、不分心、不打折，这才是尽责。只有真正视工作如事业、如生命的人，才会全心全意、全力以赴地履责尽责，这是一种境界、格局和担当。

成功的秘诀或许就在于：知道自己在做什么事；喜欢自己所做的事；相信自己所做的事。既有知责、履责、尽责之心，又有知责、履责、尽责之力，想干事、能干事和干成事也就水到渠成、顺理成章了。

第七十六诀

共商、共建、共赢是谋篇布局的“百宝箱”

我们工作和生活在一个多元化的环境，多元的文化、多元的思想和多元的诉求使得工作难度大、矛盾多。“众人同心，其利断金。”勠力同心去做事，最重要的是寻找最大公约数，凝聚起共同的力量，凝聚这种力量的办法在哪里？首先得靠“有事商量着办”。“三个臭皮匠，赛过一个诸葛亮。”无论大事小事难事易事，只要多听意见，多坐在一起商量，总会找到解决问题的办法。可是，有的人遇事做决策习惯于一个人在那里拍脑袋，关起门来苦思冥想，甚至独断专行、刚愎自用、一意孤行，主见变成了主观，执着变成了固执，结果成了决策时拍脑袋、失策时拍大腿。俗话说，百密一疏。共商可以聚智，集思广益方可达成共识。

“众人拾柴火焰高。”在取得共识之后，就得靠撸起袖子一块加油干，这更是关键。一个人的本事再大、能力再强，少了他人的帮衬或团队、集体的合力，也同样寸步难行，一事无成。心往一处想、劲往一处使，便会创造出一加一大于二的效应。相互补台好戏一台，相互拆台共同垮台。一个好的团队应该是你落下我帮你捡起、你忘记我给你提醒，齐心协力、众志成城。

共建的动力从哪里来？从本质上来说，当然来自共同的理想、目标和价值追求。“道不同，不相为谋。”然而，有时共同的利益也能把人与人拴在一起、维系在一块，这就是共享、共荣和共赢。凡事不可“吃独食”，有利不可独吞、有福不可独享，否则会挫伤大家一起干事的积极性，就会失去人心。蛋糕做大了，应该是“见者有份”，有福同享、有利同沾，只有让大家都得到好处、看到希望，才奠定了大家一起干事的基础。

第七十七诀

好读书、读好书、善读书是心明眼亮的“美容院”

“书籍是人类进步的阶梯。”“天地间第一人品，还是读书。”“积财千万，无过读书。”古往今来，多少读书的道理让人豁然开朗、醍醐灌顶，多少人一生与书为伴，在书海里泛舟，到书山上跋涉，从中增长知识、寻找真理、净化灵魂、陶冶性情、体味人生和感受乐趣，正所谓看的是书，读的却是世界。毛泽东曾说：“饭可以一日不吃，觉可以一日不睡，书不可以一日不读。”宋代黄庭坚说：“士大夫三日不读书，则义理不交于胸中，对镜觉面目可憎，向人亦语言无味。”对有的人来说，漂亮俊朗的容颜固然可以让人眼睛一亮，但是坚持读书，让自己有丰实的内涵，才能够让人经久不忘；对很多人来说，“人离开了书，如同离开空气一样不能生活”，读书应该是一种生活习惯和生存方式。

然而，读什么书，怎样读书？并非人人能深谙其中的门道，一些人似懂非懂、似是而非。有的人热衷于读死书、坏书、歪书和邪书，结果中毒中邪；有的人停留在死读书上，不会“跳”出书本来读，也不会把无字书与有字书搁在一起读，结果把书读死了，读出了一个脱离实际、不会活学活用“百无一用”的书呆子；还有的人习惯于乱读书、零敲碎打、支离破碎或无所用心地读，结果把书读浅了、读薄了，读出个“半桶水”，等等。

读书要读好书，“读过一本好书，像交了一个益友”，然而，“不好的书也像不好的朋友一样，可能会把你戕害”。所以，“凡读无益之书，皆是玩物丧志”。简单地说，引导人追求真善美、成为好人，给人正能量、成为有用有益有价值的人的书就是好书。读好书，还得有好的方法。有哲人说："世界上有许多好书，但这些书仅仅对那些会读它们的人才是好的。"于是，有的人倡导"不动笔墨不读书"；有的人鼓励"要掌握书，莫被书掌握；要为生而读，莫为读而生"；还有的人提出"读书要玩味"，等等。读书是一门艺术。"书犹药也，善读之可以医愚。"若不能善读，不但不能"治愚"，反而有可能"致愚"。

"书中自有颜如玉，书中自有黄金屋。"把书读好、读活，好读书、读好书，也就读出了书卷气、书香味，它既是人生的"加油站"，又是生命的"美容院"。

专心、专注、专业是功业圆满的“绣花功”

天下之事作于细，这种细致得靠专心致志、心无旁骛的意志力，靠精益求精、一丝不苟的工匠精神，靠久久为功、滴水穿石的绣花功夫。

专心、专注取决于心静，取决于有没有耐得住寂寞、挡得住诱惑、坐得住冷板凳的心境。在心浮气躁、急功近利的当下，人们很容易“开小差”，成“花脚猫”，很难聚神、聚心和聚力，事事显得很焦虑，处处搞得很着急，总是猴子屁股坐不住，常常“打一枪换一个地方”，蜻蜓点水、浅尝辄止。比如，为官从政的“两年没提拔心里有想法，三年没挪动四处去活动”;经商做买卖的渴望一夜暴富,推崇“马无夜草不肥,人无横财不富”;做学问搞文化的期盼一举成名、一步登天,突然间名扬天下,等等,都是急不可待、争先恐后的表现。

曾几何时,专心做事的人被讥讽为傻帽和迂腐,专注于工作和事业的人被说成不懂“人挪活,树挪死”,专业能力强的人被看成素质单一、不够全面、不是复合型人才,等等。这完全是误解、误读和误区。专心、专注精神的缺失,导致很多人专业素养缺乏、专业精神缺位、专业技能缺损,没有“几把刷子”,只能“急拿现用”。很多事情要干好,还得靠“专业人士”“专家”,让专业的人干专业的事。始终专心留意脚下并且从不盲目仰望山巅的人,才能登上更高的山峰。练就“绣花功”,成“一口清”“活字典”“一把抓”,便能成为职场上的“香饽饽”。特别是,现实中有的人一生只干一件事,有的人干一行爱一行,靠的就是内心的执着、坚定和耐心,靠的就是精细、精准和精确的功夫,靠的就是专心、专注和专一的劲儿。专一不是一辈子只喜欢做一件事，而是喜欢做一件事的时候一心一意。无论多么不重要的一件事，只要乐在其中，都会获益无穷。简单的事重复做，你就是专家；重复的事用心做，你就是赢家。倘若一生只干一件事，早晚会干成这一领域、这一行业的专家或行家里手。

第七十九诀

寡欲、寡染、寡言是洁身自好的“救生圈”

清初思想家颜元说：“寡欲以清心，寡染以清身，寡言以清口。”古人说：“欲是焚身火，不遏可燎原。”从某种意义上说，世上最可怕的东西恐怕是人的欲望，它就像一个大黑洞，也好比是粉碎机。欲望太多、太强、太大，会让人心烦意乱，使人扭曲变形、失身变节。人所有的烦恼和苦痛都是因为欲望太盛、不知足惹来的。生活本不苦，苦的是欲望太多；人心本无累，累的是诱惑太重。正所谓：“人苦不知足，既得陇，复望蜀。”“无欲则刚。”尊严是和欲望成反比的，当你特别想得到一个东西时，就会变得低三下四；当你对一个东西没有欲念时，尊严就会拔地而起。因此，寡欲可以让人活得轻松、自在又有尊严，甚至还可以让人健康长寿，正所谓："清新而寡欲，人之寿矣。"不要让心灵成为欲念深重的泥潭，而要让它成为清静自在的乐园。人生最好的状态是在散淡、平淡和清淡中去坚持和把握。

人如何才能做到寡欲呢？首先当然要意识到欲望多的危害和危险，懂得知畏知止；其次人还是要多去追求高品质的精神生活，使自己的精神世界丰富多彩起来，精神层面的东西多了，物质挤占的空间就小了；再次是人得学会管控好自己的欲望，这种管控就是节制。痛苦源于欲望，成功源于渴望。要想做生活的主人，就不能做欲望的奴隶，得学会掌握自己的欲望，而不是被自己的欲望所掌握。人最不能控制的莫过于节制欲望，能够不为七情六欲所惑，不为鲜花掌声所醉，不为身外之物所迷，练就金刚不坏之身，做明白人、明眼人。诚然，欲望难免或多或少会有，但千万不可太多太甚太强。"人心不足蛇吞象"，千万别被欲望的浊水淹没颠覆了人生之舟，千万别被欲望的潮水冲开理智的闸门。寡欲心自清，“清心可以寡欲”。清心寡欲是一种境界，也是一种修炼。

“人以群分，君子当慎所择。”人的一生，交什么友和怎么交友很重要。“益者三友，损者三友。友直，友谅，友多闻，益矣；友便辟，友善柔，友便佞，损矣。”交友当择善人而交，与良善者同行。既与“善人”交，又还得“善交”。这种“善交”就是寡染。有时掉进染缸里并不可怕，可怕的是在染缸里感觉良好。“近朱者赤，近墨者黑。”寡染则能“蓬生麻中，不扶自直”，则能“不染色、不变色、无杂色”。“君子之交淡如水，小人之交甘若醴。”人与人相处不妨多些“无声的联系”，让静静的守望、稳稳的守护和默默的守候成为一种常态，简简单单、清清爽爽，规规矩矩、正正当当，明明白白、干干净净，让自己的朋友圈“如入兰室”，清香扑鼻。

孔子曰：“君子欲讷于言而敏于行。”这里的“讷”是忍而少言。它告诉人们，话要慢慢说，要三思而后说，不要口无遮拦、信口开河，不然言多必失、祸从口出。口无遮拦并不能证明你直率，只能证明你修养不够。人长着一张嘴巴和两只耳朵，说明要多听少说。“吉人之辞寡，躁人之辞多。”“沉默是金。”说的都是这些道理。有时宁愿保持沉默让人看起来你像个傻子，也千万不要一开口就证明确实如此。聪明的人有长的耳朵和短的舌头。寡言不是不发声，而是谨言、慎言、善言。一个人说话要注意说三种话，一是有思考的话；二是有分寸的话；三是有选择的话。生命中有三件事会一去不返，即：时间、机会和说出去的话。话如水，覆水难收。一句话在你没说出口之前，你是它的主人；一旦说出了口，它就是你的主人。喜时之言多失言，怒时之言多失态，喜与怒时更要谨言慎行。当然，说话还得说真话、实话、心里话，说短话、管用的话，不要说空话、套话、大话、假话，不要滔滔不绝，让人生厌。生活中有一种小聪明，叫“从来不说大话”。水深不语，人稳不言，当言则言，意到言止，言简意赅，才会让话语更有质量和水平。

第八十诀

慎初、慎独、慎终是洁身自好的“紧箍咒”

慎，乃小心，谨也。人在很多事情、问题和关口上，都得讲究谨慎，说话也好，办事也罢，不谨慎小心则容易出差错，大则容易出乱子。一个懂得“慎”的人，不一定是“完人”；但一个不懂得“慎”的人，则一定是一个“瑕人”。那么，在哪些事情和关口上又尤其需要慎之又慎呢？

首先是慎初。慎初，就是戒慎于事情发生之初，把住“第一次”，守住“第一道防线”，扼住苗头。唐代陆贽说：“夫小者大之渐，微者著之萌，故君子慎初，圣人存戒。”“第一次”既是缺口，也是关口，是人的一道心理防线，一旦被打开或被突破，便会一泻千里，之后会变得麻木和无所谓。俗话说，早知现在何必当初，可见“当初”对现在及将来的影响。“千里之堤，毁于蚁穴”，任何事物都是由小到大，由浅入深，由量变到质变的。初始往往是微小不起眼的，或是不足为奇、微不足道的，因此慎初往往意味着慎微。慎微，也就是小事不小视，小恶而不为，从细节入手，从小事做起，一顿饭、一瓶酒、一盒茶，貌似小节，却会“温水煮青蛙”，日积月累毁了大节。不虑于微，始贻大患；不防于小，终累大德。

慎独，就是一人独处时也能操行自守，谨慎自律，通俗点说就是人前人后一个样、台上台下一个样、人见人不见一个样。汉代杨震面对故人王密的贿赂和“暮夜无知者”的说法，慨然回绝说：“天知，地知，我知，子知，何谓无知者！”以慎独成为自律的典范。慎独检验一个人的修养，考验一个人的定力和意志力，慎独以存志，志高方长远，长远方成事。

《诗经》中说：“靡不有初，鲜克有终。”老子在《道德经》中也说："民之从事，常于几成而败之。慎终如始，则无败事。"人往往在即将大功告成时失败。快要成功的时候往往是最危险的时候。人生"降落""着陆"时，容易思想"抛锚"、心理麻痹、行为"跑偏"，结果倒在成功前的"一米线"上，栽在"最后一公里"处，落个到头来竹篮打水一场空、功败垂成的结局。人生就像驾驶飞机，飞多高不是关键，关键是落地时一定要稳当。从一定意义上讲，有时"善始"相对容易做到，而"善终"则较难，关键在于能否一以贯之、一如既往地坚持。

慎独以存志，志高方长远，长远方成事。

后 记

可以说，出这本小书并修订再版完全是个意外。

大概是六年前，我把过往的人生思考梳理而成《做人做事做官“十悟”》，没想到见诸报端后，引起很多人的情感共鸣、“同频共振”。受此鼓舞，后来我又一鼓作气写了“又十悟”“再十悟”和“新十悟”。此四十悟皆从正面切入，试图讲清楚做人做事做官“该这么做”“要这么做”“能这么做”。人生总有正负面，做人做事做官还有“不该这么做”“不要这么做”和“不能这么做”。顺着这个逻辑思路，我又构思写作了做人做事做官“十忌”“又十忌”“再十忌”和“新十忌”。前后加起来的这八十条，先是陆续在中央党校《学习时报》和中央办公厅《秘书工作》上发表，后来经网络媒体一传播，顿时“火”了起来。大大小小的微信公众号、不少人的微信朋友圈竞相转发，不断被这八十条刷屏。从这个意义上讲，这是一本没有成书却早已经“火”起来的书。

不久，好几家出版社纷纷找上门，策划要把它做成书。就这样，我一直“被鼓舞”着完成了这本不像样的小册子。两年前，这本小册子“丑媳妇见了公婆”，所幸大家没有嫌弃，受此鼓舞，这次又做了一些充实和修订。每每看着这册子，我总是战战兢兢、诚惶诚恐，心里一直在打鼓，深感忐忑和不安，生怕自不量力、“误人子弟”。好在，对于做人做事做官人人皆有发言权、话语权，倘若能因此而抛砖引玉，由此而引发或启迪更多人去思考和感悟，则善莫大焉，我也就欣慰了。

感谢现任北京大学校长郝平先生不吝赐序，给我“画像”，为书“描红”，情真意切、力透纸背，温暖心底、策我前行；感谢中国书法家协会原副主席吴东明先生慨然题名，温暖有加、感念不已；感谢我的妻子、女儿为我的写作腾出宝贵的时间，没有你们做“铺路石”“垫脚石”，我的文稿“长不高”；感谢所有为本书注入心血、给予鼓励的领导、同事和朋友们，是你们给了我美丽的风景和无限的阳光。

己亥年正月于北京方步阁